선박의 기초계산 및 복원성

Ship Calculation and Stability

이승건

책은 선박에 관한 기초적인 용어와 부력의 발생, 나아가서 안정성에 관하여 정역학적 설명을 하고 있다.
박의 가장 기본적이고도 중요한 성능인 복원성(횡안정성)에 관하여, GM 계산과 자유수의 영향, 중량물
재 및 이동에 따른 경사의 계산, 구획 침수시 배의 자세 계산 등을 간단한 예를 통하여 해설하고 있다.

도서출판 GS 인터비전

머 리 말

이 책은, 선박에 관한 기초적인 용어와 부력의 발생, 나아가서 안정성에 관하여 정역학적 설명을 하고 있다. 배가 물에 뜨는 것을 이해하려면, 우선 수압의 발생과 작용에 대하여 알아야 하고, 아르키메데스의 원리를 이해할 필요가 있다.

이와 같은 배의 기본적 성능을 구체적으로 계산하기 위해서는, 임의의 2차원 도형이나, 3차원 물체에 대한 면적이나 체적계산, 도심계산, 관성모멘트의 계산과 같은 수학적 연산능력이 필요하다.

선박의 가장 기본적이고도 중요한 성능인 복원성(횡안정성)에 관하여, GM 계산과 자유수의 영향, 중량물 탑재 및 이동에 따른 경사의 계산, 구획 침수시 배의 자세 계산 등을 간단한 예를 통하여 해설하고 있다.

이 책은, 조선해양공학에 이제 막 입문한 학생들을 대상으로, 배에 관한 전반적인 지식과 이해를 도울 목적으로 집필되었다.

끝으로, 이 책의 출판에 많은 도움을 주신 출판사(GS 인터비전)에 깊은 감사를 드린다.

2011. 10. 20

저자 씀

CONTENTS

Chapter 2

Chapter 3

중심(重心),부면심(浮面心), 부심(浮心)의 계산 / 77

Chapter 4

Chapter 5

1

유체정역학(Hydrostatics)과 선박의 기초 지식

1.1 배는 왜 물에 뜨는가?

1.1.1 부력과 아르키메데스 원리

우리가 어떤 물체를 물에 넣으면 가라앉거나 뜨게 된다. 이 때, 물에 뜨는 물체는 부력이 작용하기 때문에 뜬다고 말한다. 그러나 가라앉은 물체에도 부력이 작용하고 있다. 단지 물체의 무게보다 부력이 작기 때문에 가라앉게 되는 것이다. 물체가 물에 떠 있는 경우는 그 물체의 무게와 그 물체가 받는 부력이 같게 된다(아르키메데스 원리).

정확하게 Archeimedes 원리를 설명하려면, "어떤 물체가 유체에 잠길 때 (전부 또는 일부가) 그 잠긴 부분 만큼의 체적에 해당하는 유체가 밀려난다."(排水 된다, Displaced)라고 해야 한다.

다시, 부력에 대하여 생각해 보자. 부력은 왜 생기나? 이 질문에 답하기 위해서는 수압(Hydro static pressure)의 발생과 작용을 알아야 한다.

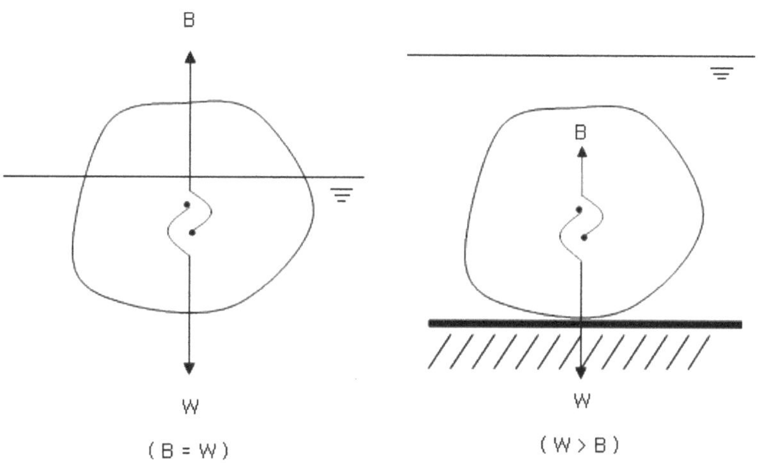

그림 1.1 무게와 부력의 작용

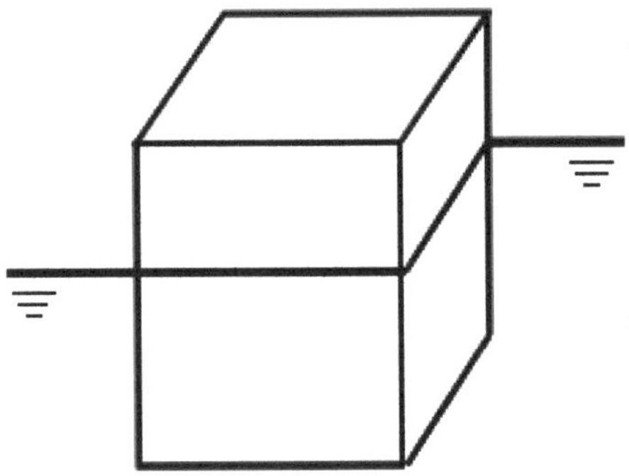

그림 1.2 육면체의 부력

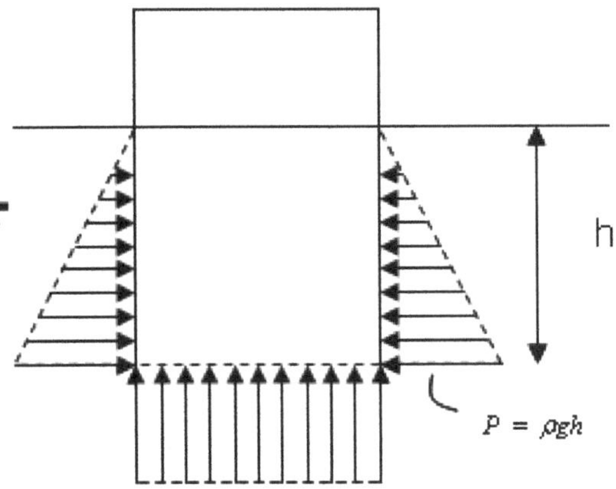

그림 1.3 육면체에 작용하는 수압

그림 1.2와 같은 직육면체가 물에 떠 있는 경우를 생각해 보자.

물속에 잠긴 직육면체의 표면에는 그림 1.3과 같이 수압이 작용하고

$$P = \rho g h \tag{1.1.1}$$

이다.

수압이 왜 생기는가에 대해 생각해 보면, 물 입자 하나하나가 m이란 질량을 갖고 있고 이 질량에 지구중력이 작용하며 mg란 무게가 생기고 이들 무게가 모두 합해진 것이 수압이라고 할 수 있다. (큰 통에 좁쌀을 가득 넣고, 그 속으로 우리가 들어갈 경우, 밑으로 갈수록 좁쌀에 의한 무게를 우리 피부 모든 곳에서 크게 느낄 수 있을 것이다).

수압은 수심에 비례하여 커지고 (식1.1.1), 또 작용하는 면에 항상 수직으로 작용한다. (고체는 전단력에도 견딜 수 있도록 분자 결합이 강하게 되어 있으나, 유체의 경우는 법선 방향의 힘에는 저항할 수 있으나 전단력에는 저항할 수 없는 분자 구성을 하고 있다).

따라서 그림 1.3의 직육면체의 경우, 4개의 옆면에는 옆방향으로 수압이 작용하고, 밑면에는 윗방향으로 수압이 작용한다.

이들 수압에 의한 힘들 중에서 물체를 뜨게 하는 힘(부력)은 바로 밑면에 작용하는

수압에 의한 것이 된다.

$$B = P \times A \qquad (1.1.2)$$

여기서 A는 밑면의 면적이다. 따라서

$$B = \rho g h A = \rho g V \qquad (1.1.3)$$

여기서, V는 물속에 잠긴 부분의 직육면체의 체적에 해당되고, 다른 말로 표현하면 밀려난 물의 양, 즉 배수 용적(Displaced Volume)이 된다. 최종적으로 부력을 요약하면, "부력이란 물체의 몰수 표면에 작용하는 정수압을 연직방향으로 모은(적분한) 것이다."

예제 1.1

그림과 같이 뚜껑이 없는 원통을 Rope로 수중에 고정해 놓았다. Rope에 걸리는 장력은 몇 N인가? 단, 원통은 바깥 직경이 5 m이고 높이는 7 m이다. 원통은 알루미늄(비중 0.8)으로 되어 있고, 모든 곳의 두께는 5 cm이다.

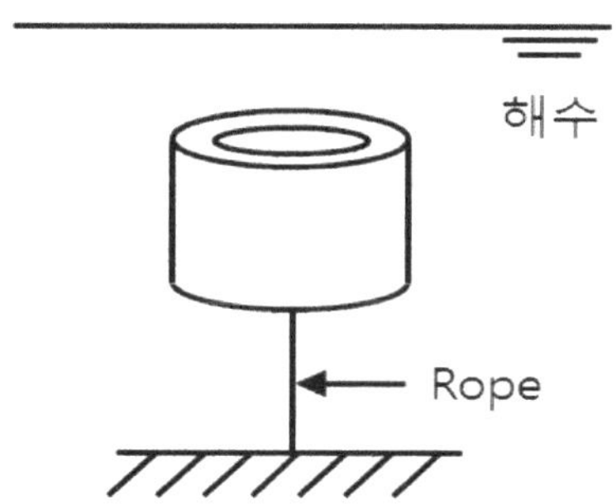

풀이

원통의

무게 W, 배수량을 V라 하면,

$W = 0.8 \times \rho g \times V$

$$V = \pi \times (2.5)^2 \times 0.05 + \{\pi \times (2.5^2) - \pi \times (2.5 - 0.05)^2\} \times (7 - 0.05)$$
$$= 6.3857\ m^3$$

$\therefore\ W = 0.8 \times 1000 \times 9.8 \times 6.3857 = 50{,}063.9N$

부력 $B = 1.025 \times \rho g \times V = 1.025 \times 1000 \times 9.8 \times 6.3857 = 64{,}144.36\ N$

따라서,

Rope의 장력 $T = B - W = 64{,}144.36 - 50{,}063.9 = 14{,}080.46\ N$

답 : $T = 14{,}080.46\ N$

예제 1.2

그림과 같은 물체가 해수 중에 떠 있다. 부력을 구하라.

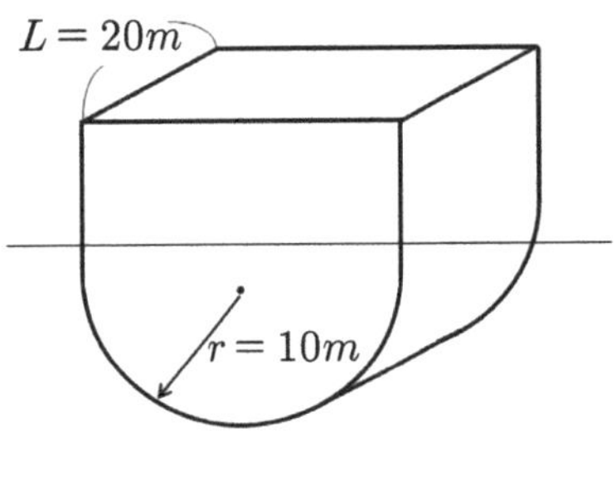

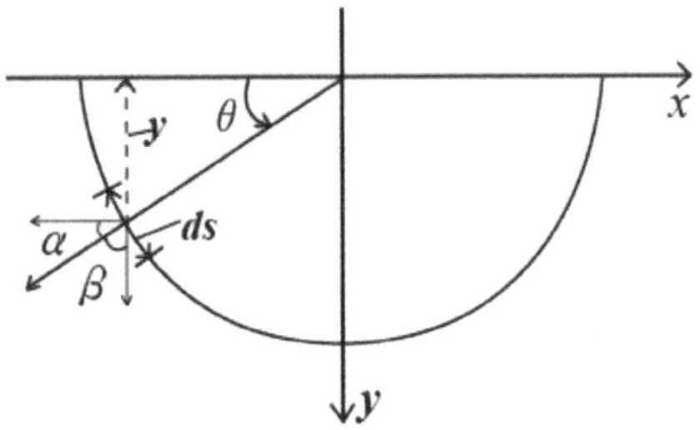

풀이

침수표면상의 요소 ds에 작용하는 수압 P는 $P=\rho gy$이다.

$$\vec{F}=-\int_s p\vec{n}ds,$$

여기서 $\vec{n}$은 ds 면에 수직이고 바깥쪽으로 향하는 단위벡터이다.
$\vec{n}=(\cos\alpha,\cos\beta)$ 로 표시하는 경우도 있고, 이때 $\cos\alpha$, $\cos\beta$를 방향여현 (directional cosine) 이라고 한다.
$\vec{F}=(F_x\ ,F_y)$ 라 하면, F_y 가 부력에 해당된다.
따라서, 부력 B는

$$B=L\cdot\int_s p\vec{n}ds=2L\cdot\int_0^{\frac{\pi}{2}}p\cos(\frac{\pi}{2}-\theta)(rd\theta)$$
$$=\int_0^{\frac{\pi}{2}}\rho grsin\theta\cos(\frac{\pi}{2}-\theta)(rd\theta)$$
$$=2\rho gr^2L\int_0^{\frac{\pi}{2}}\sin^2\theta d\theta=\frac{\pi}{2}\rho gr^2L$$

$\therefore$ 부력 $B=\frac{\pi}{2}\times 1{,}025\times 9.8\times 10^2\times 20$
$=31{,}557.3\ KN$

답 : $B=31{,}557.3\ KN$

물론, 위와 같이 수압을 적분하지 않고도 아르키메데스 원리에 의하면

$$W=B=\frac{1}{2}\times\pi r^2\times L\times\rho g$$

로 간단히 부력을 구할 수 있다.

예제 1.3

헬륨(He)이 들어있는 기구(氣球)를 만들어 무게 70 kg중인 사람을 들어 올리려고 한다. 기구의 직경은 최소 몇 m가 되어야 하나? (Helium의 밀도는 공기의 $\frac{1}{8}$이고, 공기 밀도는 1.2 kg/m^3이다. (단, 기구 자체의 무게는 무시하라.)

풀이

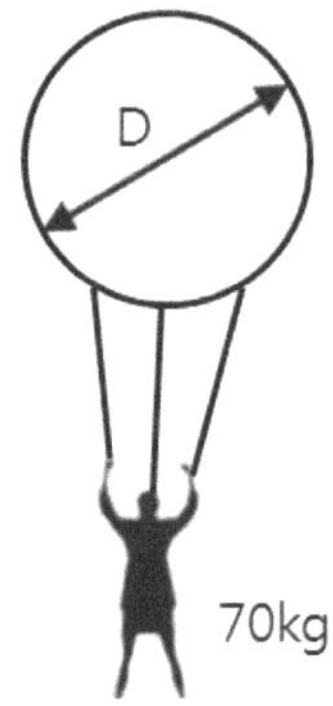

우선 기구의 직경을 D라 하고 부력 B를 구해보면

$$B = \frac{4\pi}{3}\left(\frac{D}{2}\right)^3 \times 1.2 \times 9.8(N)$$

한편, 기구가 감당할 무게 W는,

사람무게 + 기구 속 헬륨무게 이다.

$$\therefore\ W = 70 \times 9.8(N) + \frac{4}{3}\pi\left(\frac{D}{2}\right)^3 \times \frac{1}{8} \times 1.2 \times 9.8(N)$$

$$= 686 + 0.76969\ D^3$$

$$\therefore\ 6.15752\ D^3 = 686 + 0.76969\ D^3$$

$$D^3 = 127.324$$

$$D = 5.03\ m$$

답 : $D = 5.03\ m$ 이상

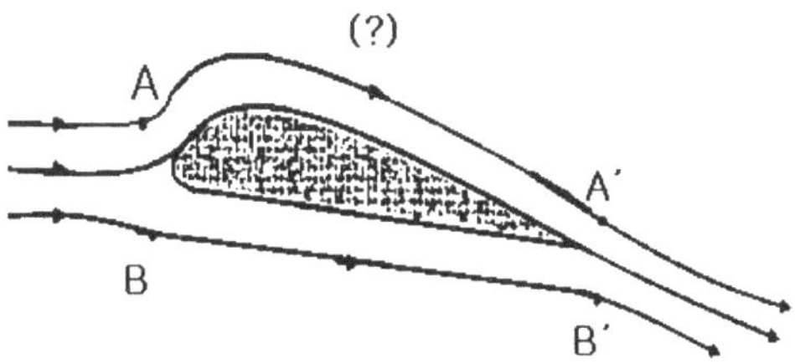

(a)

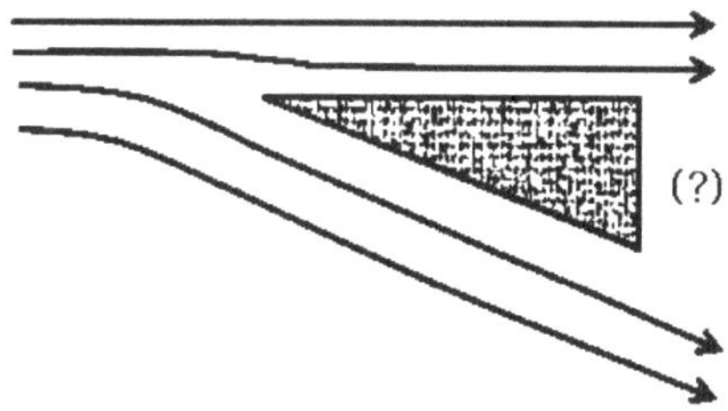

(a)

그림 1.4 Equal transit time theory

이제, 비행기를 뜨게 하는 힘, 즉 양력(揚力, Lift)에 대해 살펴보자. 부력과 달리, 날개에 양력이 발생하려면 날개 주위에 흐름이 들어와야 한다. 이를 위해서는 날개를 앞으로 빠르게 움직여야 하고 비행기의 경우, 엔진을 가동하여 몸체를 앞으로 움직이게 된다.

그러면, 구체적으로 날개에 양력이 어떤 과정을 거쳐 발생하게 되는지 살펴보자. 흔히, 잘못된 설명으로 그림 1.4와 같이, 날개 위를 흐르는 흐름이 날개 밑을 흐르는 흐름과 다시 뒤에서 만나려면 (Equal transit time theory), 날개 위를 흐르는 흐름은 날개 밑을 흐르는 흐름보다 상대적으로 먼 거리를 흘러야 하므로, 윗면의 속도가 아랫면보다 빠르고, 베르누이 정리에 의해 윗면의 압력이 아랫면보다 낮아 아래에서 위로 힘이 생기는데 이것이 바로 양력이다 라고 하고 있다.

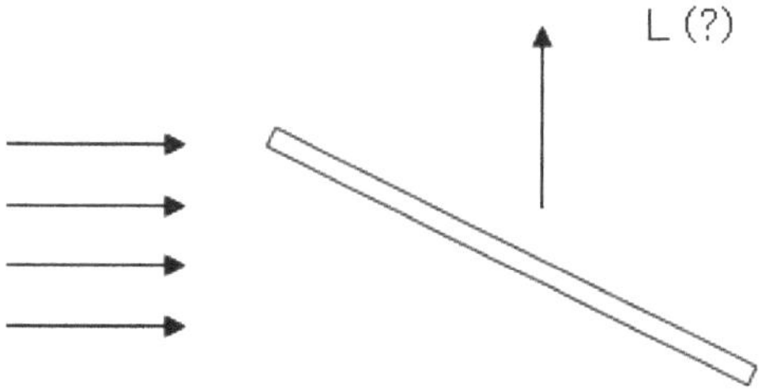

그림 1.5

그러나 이는 잘못된 설명으로, 그림 1.5의 경우를 보면 금방 이러한 설명이 불합리함을 알 수 있다. 그림 1.5와 같이 평판이 흐름에 있는 경우, 양력이 발생할까? 아니면 생기지 않는가?

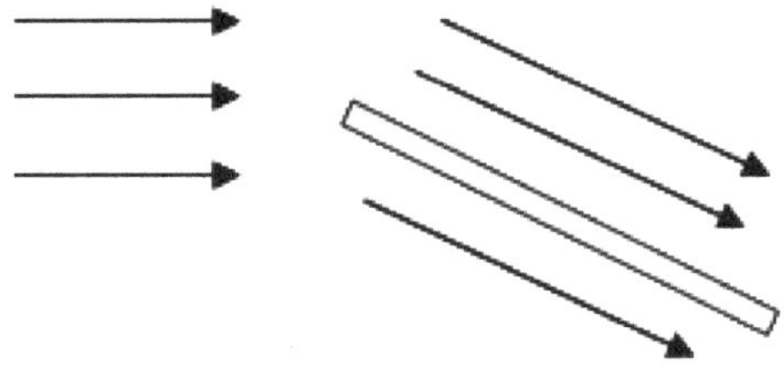

그림 1.6

결론적으로, 평판의 경우도 양력이 많이 발생한다, 즉, 날개단면 형상이 위쪽으로 약간 둥그스름하게 되있는 것은 날개 효율을 향상시키기 위한 것이지, 이 때문에 양력이 생기는 것은 아니다. 위와 같은 설명 대신에, 양력이란 날개에 의해 유입되는 공기의 운동량(Momentum)이 바뀌고, 그 운동량을 바꾸기 위해 날개가 주위 유체에 힘을 가한 것이므로, 날개자체는 그 반작용으로 힘(양력)이 생긴다는 설명이 더 타당하다.

그림 1.6에서 날개 밑면을 흐르는 공기가 그 모멘텀이 바뀌는 것은 쉽게 이해가 가나, 날개 윗면의 흐름도 상당 부분 그 모멘텀이 바뀌는 것은, 쉽게 받아들여지지 않을 수 있다.

그러나 실제로는 날개 윗부분의 흐름도 날개에 의해 속도(방향과 크기)가 바뀌는데 그 이유는 공기도 점성을 갖고 있어 날개 윗면과 흐름사이에 경계층이 형성되고, 흐름이 물체 표면을 따라 흐르려는 성질(Coanda 효과)이 있기 때문이다.

실제로, 날개의 윗면과 아랫면에서 압력을 조사해 보면 그림 1.7과 같이 윗면에서 -압력이 크게 발생함을 알 수 있다. 이 -압력(음압, 부압. Negative pressure)에 의해 윗면이 빨려 올라가고, 밑면에 발생하는 +압력(정압, Positive pressure)에 의해 밑면을 밀어주는 압력들을 합한 것이 바로 양력이다.

여기서, -압력 즉 부압(음압)이란 주변의 압력보다 낮은 압력을 말하고 +압력이란 주변의 압력보다 압력이 큰 경우이다.

그림 1.7의 그림에서 날개 윗면에 생기는 부압에 의해 날개는 표면이 당겨지고, 밑면에서는 정압에 의해 표면이 위로 밀리는 효과를 가져 온다.

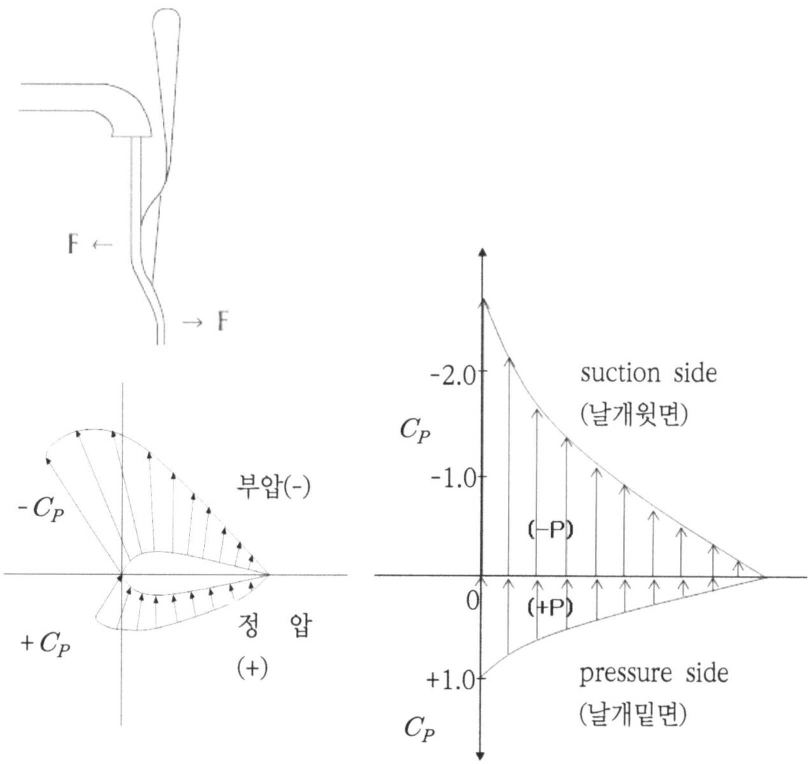

$$C_P = \frac{(P - P_\infty)}{\frac{1}{2}\rho U_\infty^2} = 1 - \left(\frac{U}{U_\infty}\right)^2$$

그림 1.7

이 두 가지 압력이 서로 합해진 것이 바로 날개에 생기는 양력이 되는 것이다. 그림 1.7에서 보아서 알 수 있듯이, 양력의 대부분은 윗면에서 발생함을 알 수 있다.

이 윗면을 통상 Suction Side(또는 Back)이라 하고, 밑면을 Pressure Side(또는 Face)라고 칭한다.

1.1.2 파스칼(Pascal)의 원리

파스칼의 원리란 "밀폐된 용기내의, 유체의 한 곳에 가해진 압력은 모든 곳으로 동일한 크기로 전달된다." 라는 것이다. 이를 이용하여, 유압 Jack 등을 만들어 무거운 물건을 들어 올릴 수 있다.

그림 1.8과 같이 단면적 (a)인 피스톤을 f란 힘으로 누르면 $P=\frac{f}{a}$ 란 수압이 유체에 가해지고, 단면적이 큰 (A) 피스톤에는 $F=P\times A$ 인 큰 힘 F가 작용하게 된다. 이 때, 두 피스톤이 움직인 거리를 s_1, s_2라 하면 두 힘 f, F에 의해 한 일은 같아야 하므로

$$f\times s_1 = F\times s_2, \quad s_1 = \frac{F}{f}\times s_2$$

가 된다.

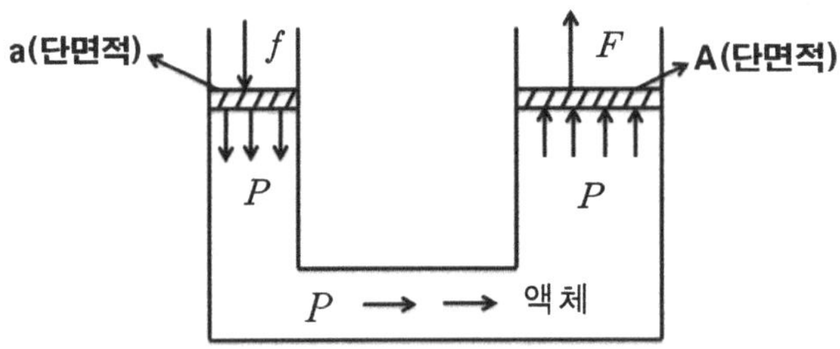

그림 1.8

예제 1.4

그림과 같은 유압 Jack이 있다. Pump의 유량은 0.1 m^3/min이고 압력은 1 MPa 이다. 피스톤의 단면은 원형이고 직경 30 cm이다.

a) 이 Jack으로, 몇 kgf의 차를 들어 올릴 수 있나?

b) 차를 1 m 높이까지 들어 올리는데 몇 초 필요하나?

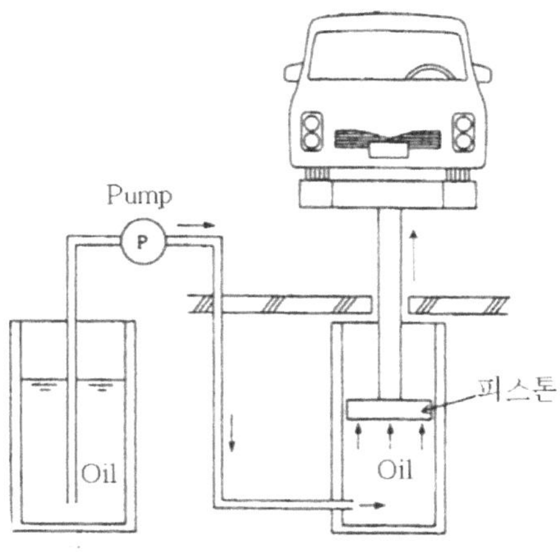

풀이

a) $F = P \cdot A$

$= 10^6 Pa \times \pi \times (0.15)^2$

$= 70685.8\,N$

$= 7208.4\,kgf$

b) 차의 상승속도를 v라 하면

$A \times v = Q$(유량)

$\therefore Q = 0.1\,m^3/\text{min} = \frac{0.1}{60}\,m^3/s$

$$\therefore v = \frac{Q}{A} = \frac{0.001667}{\pi \times (0.15)^2} = 0.0236\ m/s$$

따라서 1 m 들어 올리는데 걸리는 시간을 T라 하면

$$v = \frac{1m}{T} \qquad \therefore T = \frac{1}{v} = 42.4\,\text{sec}$$

답 : $F = 7208.4\ kgf$, $T = 42.4\,\text{sec}$

예제 1.5

반경 r, 벽의 두께가 t인 구형용기에 기체가 차있고, 내부압력은 P이다. 용기의 벽에 생기는 응력 σ를 구하라.

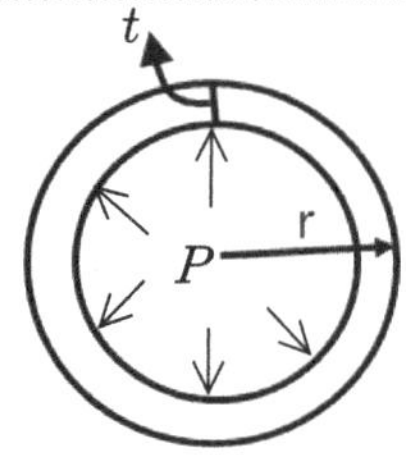

풀이

단면에 작용하는 응력 σ에 의한 힘 F_2는

$$F_2 = 2\pi r \times t \times \sigma$$

내부 압력에 의해 반구에 생기는 힘을 F_1이라 하면

$$F_1 = \pi r^2 p$$

여기서 $F_1 = F_2$ 이므로

$$P\pi r^2 = 2\pi r t \times \sigma$$

$$\therefore \sigma = \frac{P}{2t} r$$

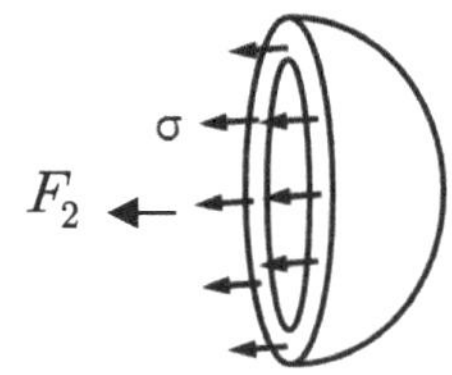

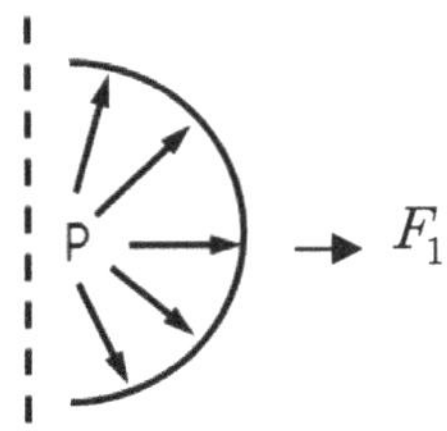

답 : $\sigma = \dfrac{P}{2t} r$

예제 1.6

그림과 같이 반경 r, 두께 t인 pipe에 oil이 흐르고 있고, 내부압력은 P이다. pipe 벽면에 발생하는 응력 σ를 구하라.

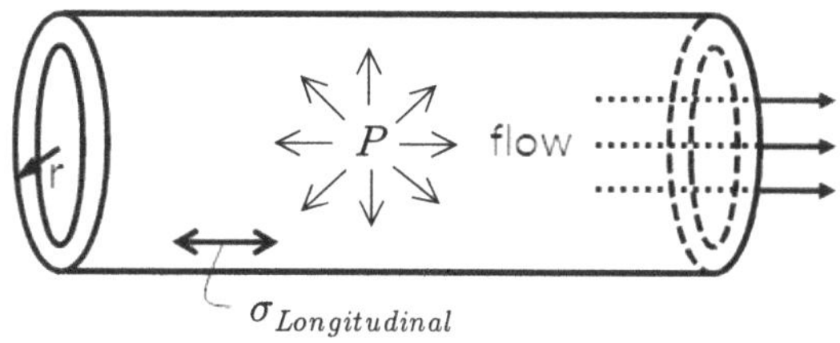

풀이

pipe를 반으로 잘랐다고 가정하면,

pipe의 단위길이 당 받는 압력에 의한 힘 F_1은

$$F_1 = P \times (2r) \times 1$$

단면에 걸리는 힘 F_2는

$$F_2 = \sigma \cdot t$$

여기서, $2F_2 = F_1$ 이므로

$$F_2 = \frac{1}{2}F_1 = \sigma \cdot t = \frac{1}{2} \cdot P \cdot 2r$$

$$\therefore \sigma = \frac{P}{t}r$$

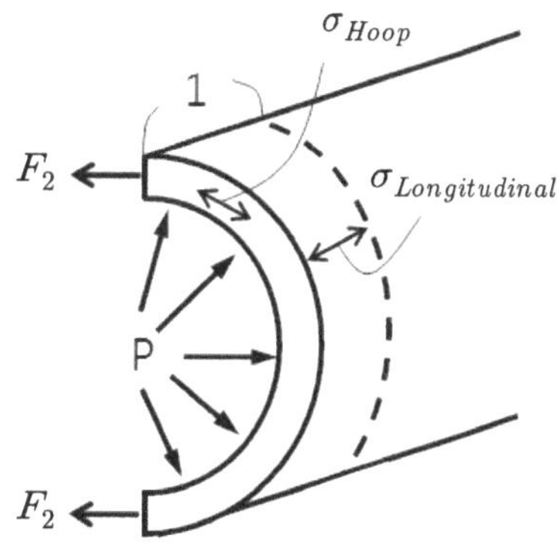

답 : $\sigma = \frac{P}{t}r$

이러한 응력 σ를 Hoop stress라고 한다.

한편, pipe 길이방향으로의 응력 $\sigma_{Longitudinal}$도 계산이 가능하고, 정적계산에 의하면, $\sigma_{Longitudinal} = \frac{1}{2}\sigma_{Hoop}$이다.

따라서 pipe의 구조설계에 있어서는 Hoop stress가, 설계의 critical stress가 된다.

1.1.3 유체와 압력

기체(Gas)나 액체(Liquid)와 같이 유동성을 가진 물질을 유체(流体, Fluid)라 하여, 고체(Solid)와 구별하고 있다. 얼음은 고체로 물 분자(H_2O)가 서로 강하게 결합돼 있는 상태이다. 이 얼음이 녹으면 물(액체)이 되고 이때는 분자들의 결합력이 약해져서 마음대로 움직이게 된다. 더욱 물을 가열하면 물 분자들이 증발하며 공간 속에서 활발하게 운동하며 서로 충돌하게 된다.

얼음과 물은 단위체적당의 질량(밀도)이 거의 같다. 물은 유동성이 있지만 분자 상호간의 거리가 가깝고 Van der Waals 인력이 작용하여 서로 끌어당기는 성질을 갖는다. 이 분자간의 힘이 액체에 있어 점성(Viscosity)을 유발하는 원인이 된다. 그러나, 수증기(기체)의 경우는 밀도가 물의 1/1000 정도로 작아지고, H_2O 분자들은 빈 공간을 격렬하게 운동하며 다른 H_2O 분자들과 충돌을 반복하게 된다. 즉, 얼음에서 물, 물에서 수증기로 바뀔 때 H_2O 분자들은 큰 운동에너지를 갖게 된다.

기체도 점성을 나타내는데, 기체의 경우는 분자들이 충돌하는 현상에 의해 점성이 나타난다. 따라서 기체의 온도를 높이면 점성이 커진다. 반면 액체의 경우는 반대로 온도를 올리면 점성이 낮아진다.

유체분자들이 인접 분자에 충돌하기 전까지 자유롭게 움직이는 통계적 거리를, 평균자유경로 λ (Mean Free Path)라 하는데 물 분자의 직경은 $D = 5 \times 10^{-10} m$ 정도이고, $\lambda = 3 \times 10^{-8} m$ 정도이다.

즉, 물 분자는 직경의 60배 정도 날아가야, 다른 분자와 충돌하게 된다.

$$\lambda = \frac{1}{\sqrt{2\pi D^2 n}} \quad , \quad n : 1m^3 \text{ 당 분자수 } (= 3 \times 10^{25} \text{개})$$

유체 중에 있는 물체의 대표 길이를 L이라 할 때 λ와 L의 비(ratio)를 크누센수(Knudsen number), $K_n = \dfrac{\lambda}{L}$라 하고, $K_n < \dfrac{1}{5}$인 경우, 물체에 작용하는 유체를, 연속체(Continuum)라고 취급한다. 이러한 분자의 운동이 물체 표면에서 압력으로 나타난다.

즉, 분자들이 물체 표면에 충돌할 때마다 물체는 힘을 받고, 이들 힘이 모인 것이 유체에 의한 압력(정압, static pressure)이다. 여기서, 두 비이커에 담긴 같은 량의 물을 가지고 설명해보자. 한 비이커의 물은 10℃이고 다른 비이커의 물은 80℃라고 하자. 육안상으로는 두 비이커 모두 똑같아 보인다.

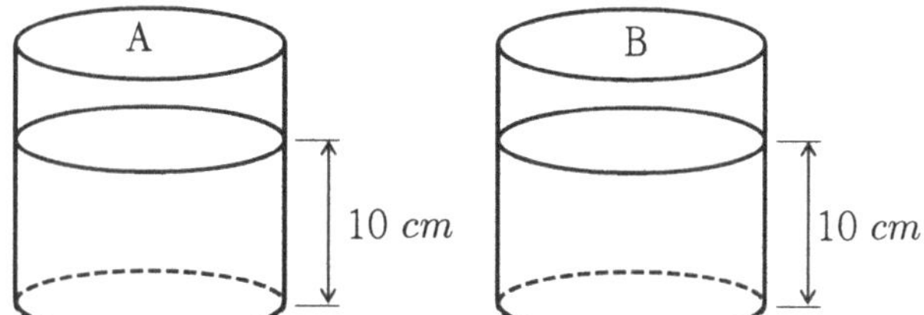

10℃ 물 80℃ 물

그러나 예를 들어 바닥에서의 압력은 B쪽이 훨씬 크다. 이때, B쪽의 물이 정압이 더 크다고 말한다. 여기서, 정압과 정수압(Hydrostatic pressure)을 구분할 필요가 있다. 정수압은, 단지 물 분자 하나하나가 갖는 무게 mg가 합해진 것이다. 마치, 큰 통에 좁쌀을 가득 넣어놓고, 속으로 들어가면 들어갈수록 좁쌀의 무게를 많이 느끼는 것과 같이, 물 분자들의 무게가 합해져서 나타나는 것이 정수압이다.

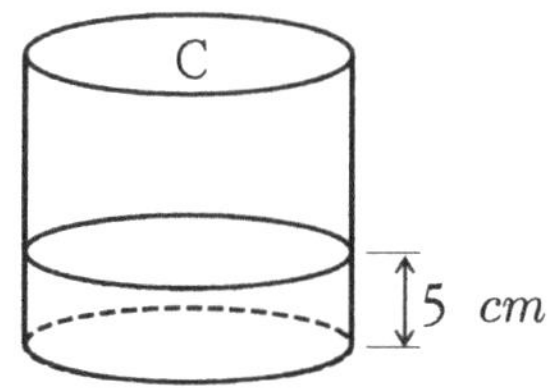

10℃ 물

이제, 10℃ 물이 든 비이커 C를 생각해보자. A와 다른 점은 바닥에 작용하는 정수압이 작다는 것이다.

Bernoulli 정리를 회상하면, $\frac{P}{\rho}+\frac{1}{2}v^2+gh=const.$ 에서 첫 항이 정압, 둘째 항이 동압(Dynamic pressure), 세 번째 항이 정수압을 나타내고 있다.

기체는 액체에 비하여 같은 무게 당 부피가 1000배 이상 크므로, 쉽게 압축이 된다, 그러나 액체는 거의 압축이 되지 않는다. (물의 경우 체적의 2% 정도만 압축됨)

한편, 공기 중에서 비행기가 나는 경우와 같은 항공역학에 있어, 비행기 속도 V와 음속 a의 비, $M = \frac{V}{a}$(Mach number)가 1이하이면, 기체는 비압축성으로 취급하게 된다. 항공기가 초음속으로 날게 되면, 항공기 앞쪽의 공기가 압축되어 충격파(shock wave) 형태로 나타난다.

1.2 선박의 변천

가장 원시적인 형태의 선박으로는 뗏목(Raft), 통나무배(Dugout) 등을 들 수 있고, 그 후 목재범선(Sail boat), 외륜선(Paddle steamer) 등이 만들어졌다. 근대에는 용접기술의 발달과 더불어 강선(Steel vessel)이 건조되기 시작하였고 추진방식도 나선추진기선(Screw propeller ship)이 보편화되게 되었다. 선박의 재료로서도 철 이외에도 알루미늄, FRP 등이 이용되게 되었고, 추진방식도 Waterjet, 초전도 자기추진 등이 시도되고 있다.

선박의 분류방법은 여러 가지가 있다. 이 중 대표적인 것을 몇 가지 소개하기로 한다.

1. 선박의 지지방법에 의한 분류

- 배수량형(Displacement Type) - 종래의 선박
- 활주형(Planing Type) - SES, Hovercraft, Hydrofoil선

2. 추진방법에 의한 분류

- Propeller 추진선 - Controllable pitch propeller, Contra-rotating Propeller
- Jet 추진선 - Waterjet, Ramjet
- 초전도 자기추진선

3. 수송대상에 의한 분류

- 원유운반선(Tanker)
- 撒物船(살물선, Bulk carrier)
- 컨테이너 운반선(Container ship)
- LNG선-Moss Type, Membrane Type
- Ro-Ro船(자동차 운반선)

4. 크기에 따른 분류

1) 살물선(撒物船, Bulk Carrier)

- 핸디사이즈(Handy size) : 1.8만톤~4만톤
- 파나막스급(Panamax) : 6만 DWT~7만 DWT, 폭 32.24M 이하
- 케이프사이즈(Cape size) : 14만 5천 DWT~16만 DWT
- VLBC(Very large bulk carrier) : 18만~20만 DWT

2) 유조선

- AFRAMAX급(Average Freight Rate Assessment Maximum)
  : 8만~11만 DWT
- 수에즈막스급(SUEZMAX)
  : 수에즈 운하를 통과할 수 있는 크기, 13만 5천~15만DWT
- VLCC(Very Large Crude-oil Carrier) : 24만~28만 DWT
- ULCC(Ultra Large Crude-oil Carrier) : 30만 DWT 이상

5. 특수선

- 포경선(Whale boat)
- 쇄빙선(Ice Breaker)
- 해양관측선
- 군용선 - 항공모함, 순양함, 구축함
- FPSO(Floating Production Storage and Offloading)

1.2.1 배의 종류

상선 (商船, Merchant vessel)	여객선(Passenger ship), 일반화물선(General cargo ship), 컨테이너선(Container carrier), 곡물운반선(Bulk carrier), 유조선(Oil tanker), 액화가스운반선(Liquified gas carrier), 자동차운반선(Car carrier)
어선 (漁船, Fishing vessel)	트롤러(trawler), 기선전인망어선(Bull trawler), 건착망어선(Purse seiner), Long liner, 참치-本釣어선(Tuna clipper), 流刺어선(Drifter, Gill neter), 포경선(Whale catcher boat), 각종 모선(Mother ship), 각종 공선(Factory ship), 각종 어업조사선, 시험선
작업선 (作業船, Work vessel)	예인선(Tug boat), 준설선(Dredger vessel), 기중기선(Floating crane), 해저파이프부설선(Pipe laying vessel), 쇄빙선(Ice breaker), 석유굴착선(Oil drilling unit), 보급선, 해난구조선, 油회수선, 수중작업선
특수선 (特殊船, Vessel for special purposes)	해양조사선, 병원선, 기상관측선, 순시선, 항해연습선, 수상레저선(요트, 모터보트 등)
군선 (軍船, War ship)	전함(Battle ship), 순양함(Cruiser), 구축함(Destroyer), 항공모함(Aircraft carrier), 잠수함(Submarine), 水雷船(Mine warfare vessel), 순시정(Patrol craft)

1.2.2 초고속선

배가 고속으로 달릴 때에는 저항이 갑자기 커져서 운항성능이 나빠지기 때문에, 이를 해결하기 위해 선체를 물 위로 띄워 물과 선체가 닿는 부분을 작게 해야 한다. 선박은 부력에 의해 물위에 떠있는데, 선체를 물위로 더 띄우기 위해서는 양력이나 압력을 이용하여야 한다. 초고속선은 물위로 띄우는 원리와 그에 따른 배의 모양에 따라 호버크래프트, 수중익선, 고속쌍동선, 표면효과선 등 여러 가지 형태로 나뉘어 진다. 초고속선 개발에는 가능한 적은 동력으로 최고의 속력을 얻을 수 있도록 복합지지형 선형을 개발하는 고속화기술이 매우 중요하다. 초고속선에는 기존의 프로펠러보다 가벼운 물분사(Waterjet) 추진장치가 사용되는데, 물분사 추진장치로는 출력에 한계가 있어 초고속선을 대형화하기 위하여 추진장치를 개선하려는 연구가 진행되고 있다. 초고속선은 중량에 따라 추진성능이 크게 영향을 받으므로 선체 중량도 가볍고

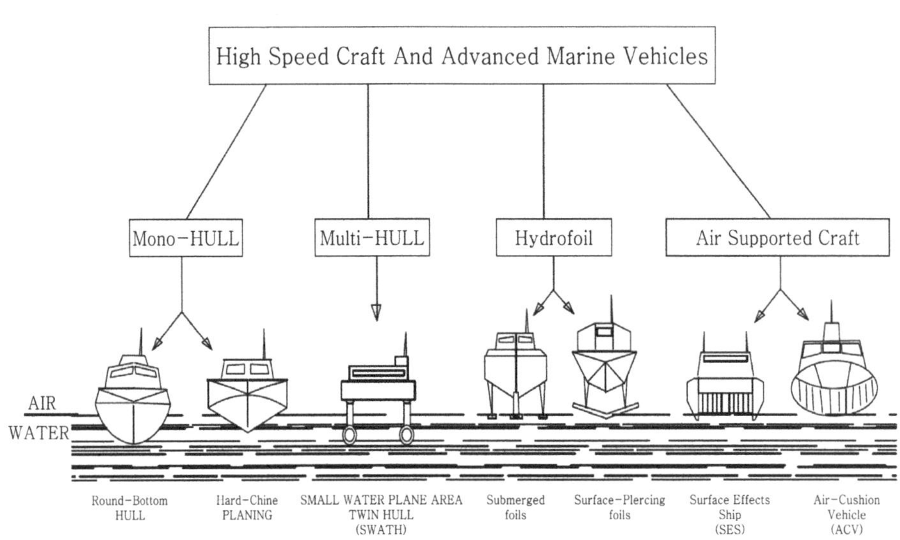

그림 1.9 고속선의 분류

강도가 큰 재료를 사용하여야 한다. 초고속 운항에 따른 안정성과 승선감 저하를 개선하기 위한 선박운항 자세 제어시스템이 사용되는데, 초고속선 특성에 맞는 제어시스템이 사용되게 된다. 성능이 뛰어난 초고속선 개발에는 이와 같은 여러 기술들이 하나의 경제적인 최적시스템으로 구성하는 종합설계기술이 필요하다.

1.2.3 쌍동선

캐터머랜(Catamaran)이란 남방제도의 원주민 언어로써, 배의 한 쪽 옆에 부표를 결합하여 만든 안정성이 좋은 통나무배를 말한다. 보통 말하는 쌍동선이란 캐터머랜의 특성에 착안하여 배수량을 비교적 날씬한 2개의 선체가 분담하도록 하고, 그 두 선체를 갑판 또는 그 밖의 구조물로 연결한 것을 말한다. 필요한 배수량을 양분하여 쌍동으로 하면 각 선체는 가늘어지기 때문에 조파저항은 줄어들어 유리하나, 두 선체를 합한 전 침수 표면적은 늘어나게 되어 마찰저항에는 불리한 결과가 된다.

따라서 조파저항이 큰 비율을 차지하는 고속선에 유리해진다. 또 쌍동(雙胴)을 갑판

그림 1.10 쌍동선

으로 연결하므로, 넓은 갑판 면적을 얻을 수 있으며, 전체적인 배의 폭이 커지기 때문에 복원성도 좋아진다.(SWATH선 : Small Waterplane Area Twin Hull)

1.2.4 수중익선

비행의 원리가 공기 속에서만 적용되는 것은 아니다. 날개(Aero-foil)는 사실 물 속에서 더 잘 작동한다. 물이 공기보다 밀도가 커서 속도가 느려도 양력이 크게 작용하기 때문이다.

이렇게 물 속에서 사용되는 날개를 수중 날개(Hydro-foil)라고 하고 물 위를 날아가는 배를 수중익선이라고 한다. 수중익선은 보통 배와 같은 형태의 선체가 있어서 정지해 있거나 속도가 느릴 때에는 물 위를 떠다닌다. 그러나 속도가 빨라지면

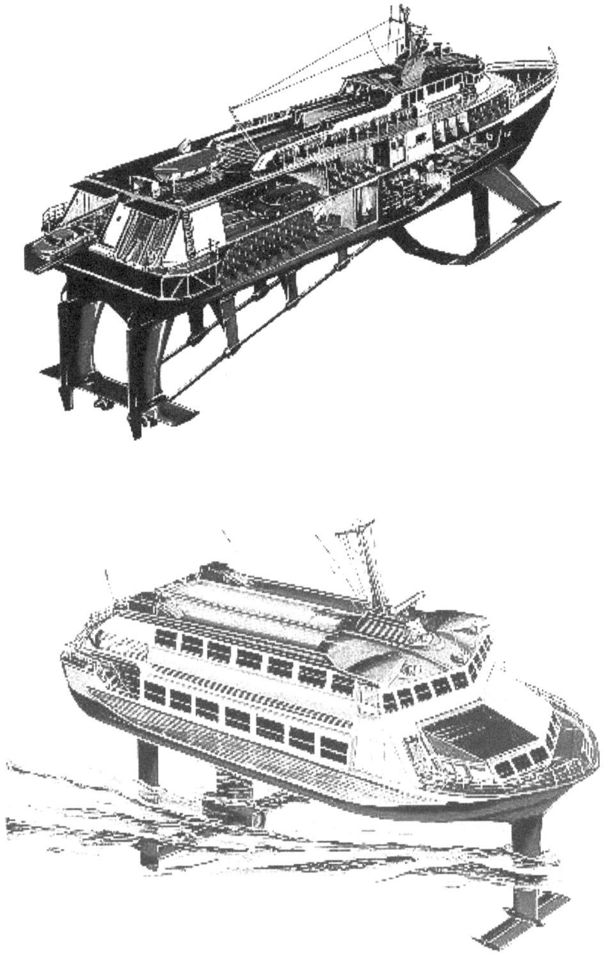

그림 1.11 수중익선

선체 밑에 있는 날개가 물 위로 선체를 밀어 올린다. 그 결과, 물과의 마찰이 없어서 수중익선은 보통 배보다 두세 배 빠르게 물 위를 미끄러져 나갈 수 있다. 이러한 상태에서는 부력 대신 양력으로 배의 중량을 지탱하게 된다. 이것은 선체를 수면보다 높이 띄움으로써 물의 저항을 없애 고속으로 달릴 수 있게 하고, 거친 바다에서도 속도를 유지할 수 있다.

1.2.5 Wig(Wing in ground effect)船

일반적으로 빠른 배라고 하면 시속 50 km 정도다. 배가 이처럼 자동차보다 느린 것은 물에서 움직이는 특성과 관계가 있다. 공중에다 팔을 휘두를 때보다 물속에서 팔을 휘두르는 것이 힘들다는 것은 자명하다. 물의 저항이 공기의 저항보다 크기 때문이다. 최근에 물 위를 스치듯 나는 배(위그선, WIG)가 출현하였다. 이 물 위를 나는 배는, 배와 비행기의 중간 형태를 띤 새로운 개념의 배다. 생김새도 흡사 비행기 같다. 이 위그선은 최고시속 300∼400 km를 낼 수 있다. 이 배가 이렇게 빨리 달릴 수 있는 것은 물 위를 2 m ~ 3 m가량 떠서 날아다니기 때문이다.

이제, 지면효과(Ground Effect)에 대하여 고찰해 보자. 흔히, 우리는 이 지면효과를 잘 못 이해하고 있다., 즉 지면효과가 날개와 지면 사이에 있는 공기가 압축되어 나타난다고 생각하는데, 이는 틀린 개념이다.(통상적 항공기 비행속도에서, 공기는 비압축성 유체로 취급된다). 날개가 지면 가까이에 있으면, 비행기의 유도항력

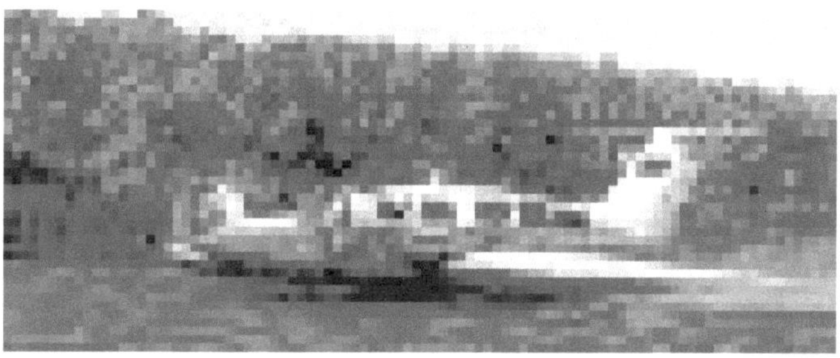

그림 1.12 Wig 船

(Induced drag)이 50% 정도까지 줄게 되고, 따라서 날개 효율(양항비: L/D, Lift to Drag ratio)이 급격히 좋아지게 된다.

이처럼 비행기의 항력이 급격히 감소하는 이유는, 날개 끝에서 발생하는 Tip Vortex 에 주목하면 쉽게 이해할 수 있다. 즉, 날개 끝에서는 항상 Tip Vortex가 발생하고 이는 유도항력(Induced Drag)의 원인이며, 고속 비행의 경우 유도항력이 전체 항력의 40%를 차지하는 경우도 있다. 날개가, 지면 근처에 있으면 이 Tip Vortex의 발생이 지면에 의해 방해받게 되어 유도항력이 줄게 되고, 따라서 날개효율이 좋아지는 것이다.(span방향의 지면효과)

또한, 날개 밑면과 지면(수면) 사이가 좁은 경우, 밑으로 흐르는 유체가 갇혀 Ram Pressure를 형성하게 되어, 양력이 증가하는 효과를 가져 온다(chord 방향의 지면효과).

비행기 조종사들은, 이 지면효과를 고려해서 비행기를 이착륙시켜야 하고, 만일 이를 무시하면, 예를들어 착륙시 착륙지점을 지나게 되어 활주로를 벗어나 사고로이어질 수 있다. 또한, 이륙시에도 이 지면효과에 주의하여야 한다. 비행기가 이륙시에는 충분한 양력을 가져야 이륙이 되나, 아직 땅에서 얼마 떠오르지 않은 상태에서는 지면효과 때문에 충분한 양력이 발생하는 것처럼 보이더라도, 고도가 약간 높아져 지면효과가 없어지면 양력이 불충분해 다시 비행기가 주저앉는 경우가 생길 수 있다.

공중을 나는 새들은 이 지면효과를 잘 활용하고 있다. 즉 백조와 같은 대형 조류는 이륙하기 위해서는 상당한 거리를 달리며, 동시에 힘껏 날개짓을 해야 하나, 착륙시에는 날개를 편채로, 날개를 거의 움직이지 않고 편안하게 착수하는 것을 볼 수 있다.

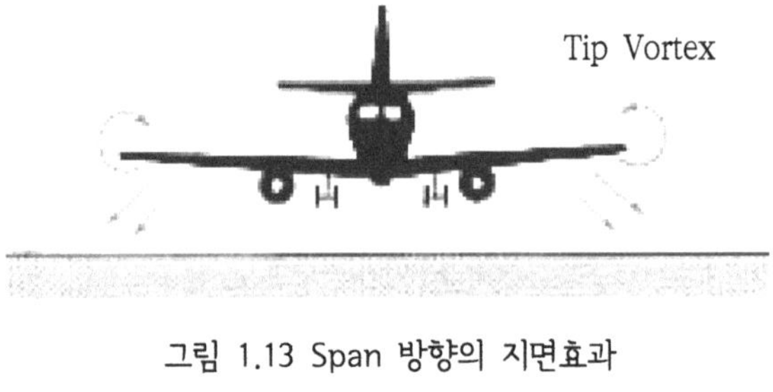

그림 1.13 Span 방향의 지면효과

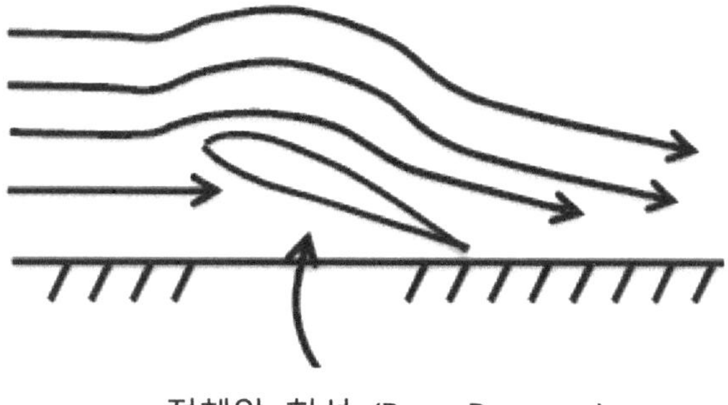

그림 1.14 Chord 방향의 지면효과

1.2.6 공기부양선

이 배도 WIG선과 마찬가지로 물 위에 떠올라 추진되는 배이다. 그러나 물위로 떠오르는 원리는 아주 다르다. 선체의 밑은 평탄하게 만들고 그 주변에 치맛자락처럼 바람이 빠져나가지 못하도록 스커트를 붙여 그곳에 송풍기로 압축공기를 불어넣어 수면과 선체 사이에 공기쿠션을 형성하여 떠오른다. 이 같은 원리는 차체와 지면 간에도 적용시킬 수 있어서 자동차나 기차도 이와 같은 방식으로 추진시킬 수 있으며,

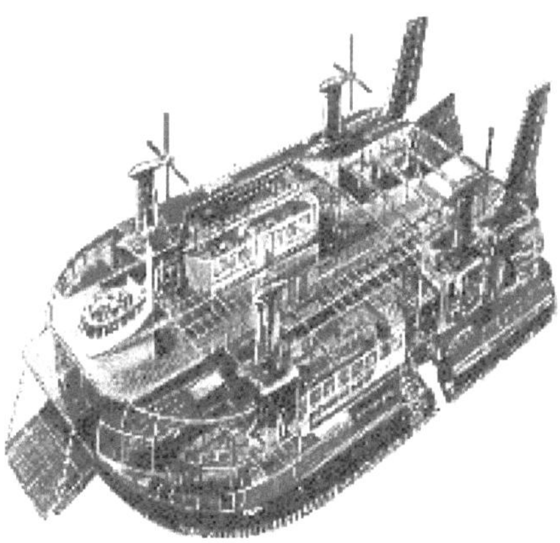

그림 1.15 Hovercraft

따라서 수륙양용 호버크래프트도 가능하다. 호버크래프트는 선체가 물의 저항을 거의 받지 않으므로 일반 선박에서는 생각할 수 없는 고속을 쉽게 낼 수 있다. 또한 그 선체모양은 여느 배처럼 길고 좁은 것이 아니라 폭을 충분히 잡을 수 있으므로, 사람이 타고 자동차 같은 용적을 많이 차지하는 화물을 싣는 데에 편리하다. 그러나 호버크래프트는 파도에 치명적인 약점을 가지고 있다. 약간의 파도만 있어도 성능이 저하된다. 그리고 선가 또한 비싸다. 그래서 현재, 지중해처럼 파도가 적은 수역이나 영불해협처럼 거리가 짧은 항로에서 유리하게 사용되고 있다. 그러나 고속을 낼 수 있고 운반능력이 크다는 점에서 장래가 촉망되는 새로운 형태의 교통수단이다. 다만 그것을 육상교통에 쓰는 경우에 기존도로의 노폭을 조절하는 문제와 소음과 먼지를 처리해야 하는 문제 등이 남아있다.

Hovercraft는 고압공기를 이용하여 습지나 물 위에 뜬 채로 달리는 운송수단이다. 따라서 헬리콥터의 일종으로 보면 된다. 프로펠러 추진 호버크래프트는 수륙양용으로서 습지의 교통이나, 벼랑 같은 곳에 상륙할 때 사용하기 편리하다.

호버크래프트는 선체가 유연재료로 만든 스커트(장애물을 헤쳐 가기 위해 덮음)로 둘러싸여 있고, 선체에서 고압공기를 내보내면서 추진된다. 또 부상용 팬과 추진용 프로펠러를 움직이는 2가지 계통의 동력 장치가 있다. 공기는 쿠션 성질이 있을 뿐

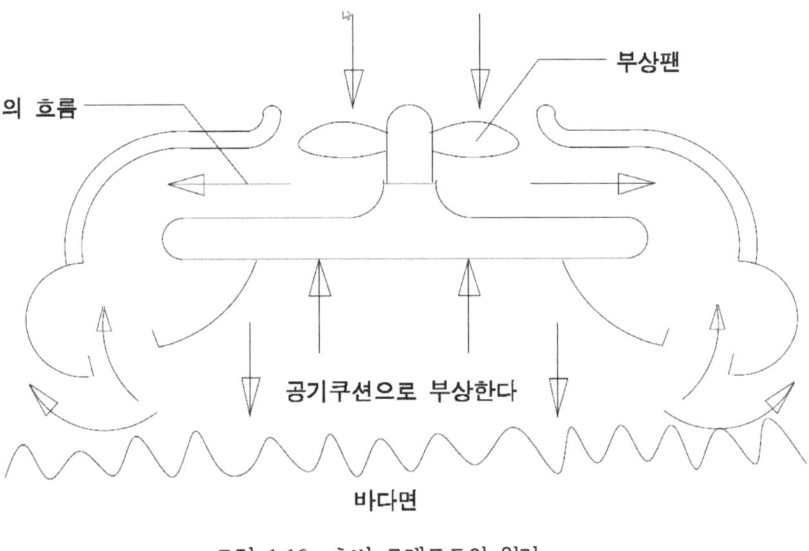

그림 1.16 호버 크래프트의 원리

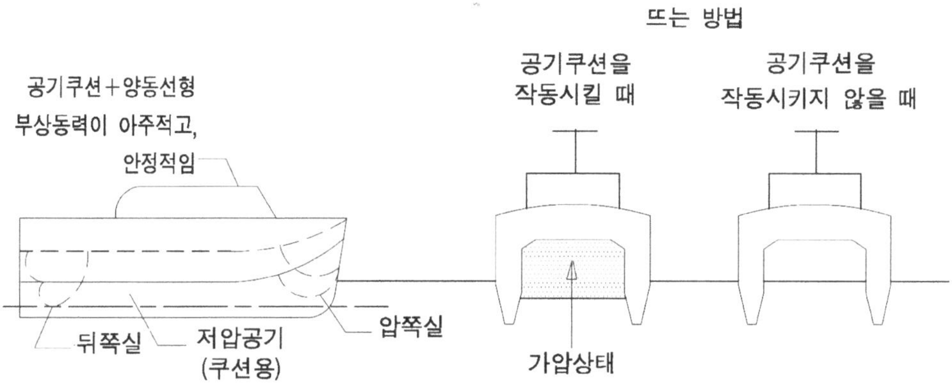

그림 1.17 쌍동형 ACV

아니라 마찰도 적으므로 고속주행에 적합한데 보통 시속 100킬로 이상으로 달릴 수 있다. 다만 소음이 크고, 흙먼지나 물보라를 심하게 일으키는 것이 단점이라 할 수 있다. 호버크래프트와 같은 종류로 공기쿠션과 쌍동선을 조합시킨 수면효과정(SES)라는 것이 있다. 대개는 물제트(Water Jet) 추진 방식을 쓰는데 이 기계는 수상전용으로서 부상을 위한 동력이 아주 적고 안정적이어서 실용성이 높다.

1.2.7 초전도선

이 배는 물에 전류를 흘려 추진력을 얻는데 바닷물에는 염분이 많아 전류가 잘 통하는 반면 강물에서는 전류가 잘 통하지 않아 추진력을 얻을 수 없다. 이 배는 프로펠러가 아닌 초전도 전자석의 힘으로 움직이는 것이 특징이다. 초전도체란 전기저항이 전혀 없는 물체이다. 이 배의 추진원리는 강력한 초전도 전자석과 바닷물 속에서 만든 자장 사이에서 생기는 힘을 추진력으로 이용하는 것이다.

초전도체에서 발생하는 힘으로 물을 배 뒤로 밀어내면서 그 반작용으로 추진력을 얻어 앞으로 나가게 된다. 초전도체는 영하 269°라는 극저온에서, 물질이 전류를 저항 없이 통과시키는 것을 이용한 것이다. 그러나 절대온도(영하 272°)에 가까운 극저온을 유지한다는 것은 불가능에 가깝다. 따라서 초전도선 연구는 영하 269°에서

그림 1.18 초전도선

나타나는 초전도 현상을 질소의 액화온도인 영하 192°에서 발생시키는 초전도체를 만드는 것으로 압축이 된다.

이미 미국에서는 영하 190°에서 초전도현상을 일으키는 박막형태의 물체를 개발했다. 이 박막을 유연성을 갖춘 전선 형태로 만들어서, 전류를 통해 추진력을 얻을 수 있다. 이 초전도체를 이용한 배가 초전도선으로 프로펠러가 필요 없고, 따라서 진동과 소음이 없어 안락함을 유지할 수 있다. 소리 없는 배라는 것은 여객선에서의 활용 가치가 크다는 것을 의미한다. 그러나 여객선으로 건조할 경우 경제성 측면에서도 고려해야 한다. 따라서 이 배가 만들어질 경우 우선적으로 잠수함이나 전함에서 사용될 수 있을 것으로 생각된다.

1.3 선도(線圖, Lines)

3차원 곡면으로 되어있는 선박형상을 정확히 표시하기 위하여, 그림 1.19와 같이 선박을 각각 x축, y축, z축에 수직인 단면으로 잘라, 그 단면들을 한 평면에 같이 그린 것이 線圖(Lines)이다.

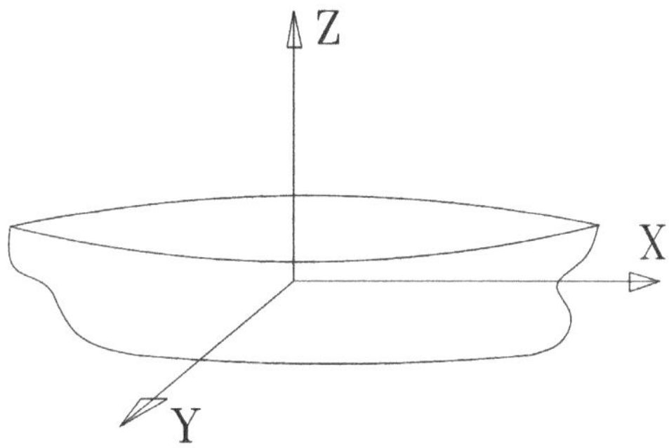

그림 1.19 Coordinate System

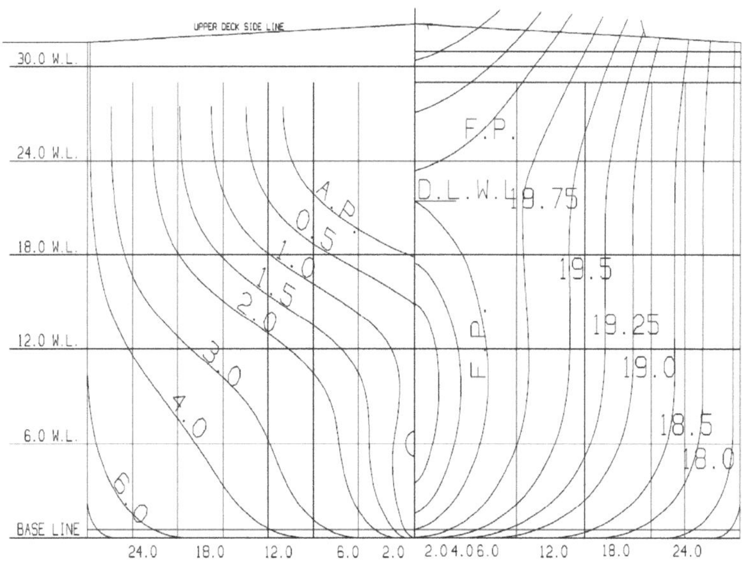

그림 1.20 Body Plan

우선 x축(종축)에 수직인 단면들로 선을 분할했을 때 각 단면의 모양을 한 평면에 그리면 그림 1.20과 같이 되고, 이를 正面線圖(Body plan)이라 한다. 선체는 좌우 대칭이므로 전반부는 오른쪽에, 후반부는 왼쪽에 각각 반씩 그린다.

다음, 선체를 y축에 수직인 평면들로 잘라 그 단면들을 한꺼번에 그리면 그림 1.21과 같은 측면선도(Sheer plan)가 된다.

동일하게 선체를 z축에 수직인 평면들로 분할하여 각 단면을 한 평면에 그리면 그림 1.22와 같은 半幅線圖(Half Breadth plan)가 된다.

선박공학의 모든 계산은 이 선체선도(Lines)를 기본으로 행해지며 매우 중요한 도면이다. 이 선도를 도면상에 나타내는 대신 특정 단면의 각 점의 좌표를 표로 만들어 사용할 수 있다. 이 표를 Offset 표라 한다. 그림 1.23은 특정 선박의 Offset 표이다.

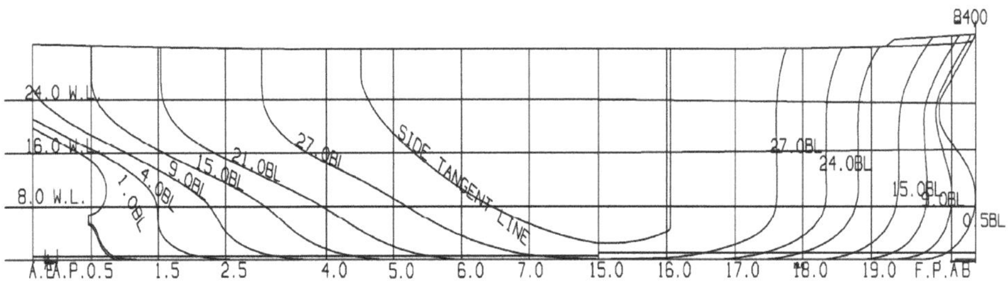

그림 1.21 Sheer Plan

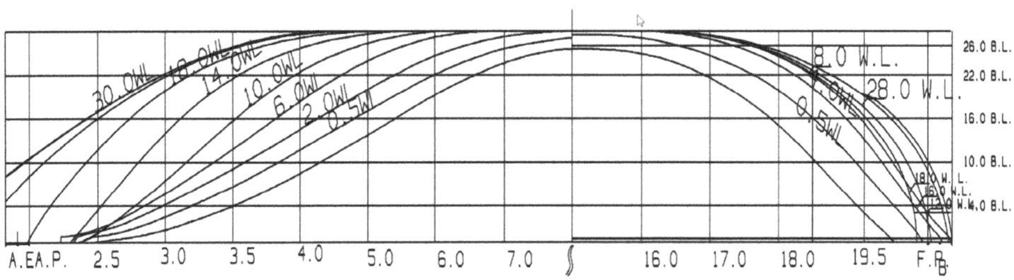

그림 1.22 Half Breadth Plan

S.N.	Half Breadth					Height above Base Line				
	B.L	0.5 W.L	1.0 W.L	1.5 W.L	2.0 W.L	0.25 B.L.	0.5 B.L	1.0 B.L	1.5 B.L	2.0 B.L
A.P					.260	1.995	2.100	2.300	2.570	3.260
1/2	.013	.050	.140	.435	1.280	1.250	1.560	1.840	2.110	2.470
1	.060	.140	.625	1.180	1.925	.480	1.560	1.360	1.715	2.070
2	.210	.540	1.555	2.055	2.350	.030	.865	.590	.960	1.430
3	.320	1.030	2.150	2.370	2.455	.025	.220	.240	.480	.820
4	.260	1.420	2.435	2.485	2.500	.005	.060	.160	.280	.410
5	.013	1.620	2.500	2.500	"	.040	.055	.160	.240	.320
6		1.260	2.430	2.480	"	.090	.080	.210	.295	.450
7		.780	2.035	2.285	2.410	.150	.130	.305	.510	.940
8		.330	1.380	1.745	2.010	.230	.200	.650	1.140	1.960
9			.500	.850	1.175	.670	1.010	1.720	2.590	3.750
9 1/2				.295	.580	1.420	1.860	2.800	3.820	
F.P						2.860	3.440	4.430		

그림 1.23 Offset 표

1.4 주요치수와 배수량(排水量)

선박의 외곽형상을 나타낼 때 가장 기본적인 값들로 길이(Length), 폭(Breadth), 깊이(Depth), 흘수(吃水, draft) 등이 있다. 이들은 그 선박의 주요치수(Principal Dimension)라 한다. 이들 치수를 결정하는 데는 여러 가지 방법이나 규정이 있고, 그중 가장 기본이 되는 것이 型線(Moulded Line)에 근거한 치수, 즉 형폭(Moulded Breadth), 형깊이(Moulded Depth), 형흘수(Moulded Draft) 등이다. Moulded Line은 선박건조에 있어 기준이 되는 중요한 개념으로 보통 철판두께는 이 기준선 外側으로 들어가도록 선박이 건조되게 된다. 그림 1.26에는 Moulded Surface의 개념을 도식적으로 설명하고 있다. 이밖에 선체의 구조강도측면에서 치수를 정하는데 사용하는 Scantling draft란 개념이 있다.

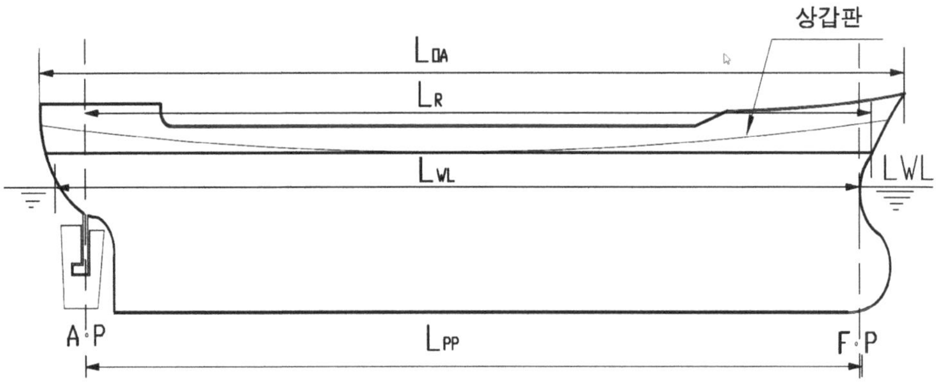

그림 1.24 배길이

1.4.1 배길이(Ship Length)

1) L_{OA} (Length overall)

- 선체 최전단에서 선미 최후단까지 수평 길이

2) L_R (Registered Length, 登錄長)

- 해운관청에 등록하는 길이로, 상갑판 상면 연장선과 선수재 전면과의 교점에서 선미재 후면에 이르는 수평 길이

3) 수선간장(垂線間長) (L_{BP}, L_{PP}, Length between perpendiculars)

- 선체의 前部垂線(F.P.)에서 後部垂線(A.P.)까지의 길이. 선박공학에서 가장 널리 사용되는 길이. 또 A.P.와 F.P.의 중앙을 선체 중앙부라 하고 기호 ⊠로 표시한다.

4) 수선장(水線長)(L_{WL}, Waterline length)

- 만재흘수선(L.W.L) 上에서 선수부 끝에서 선미부 끝까지 길이.

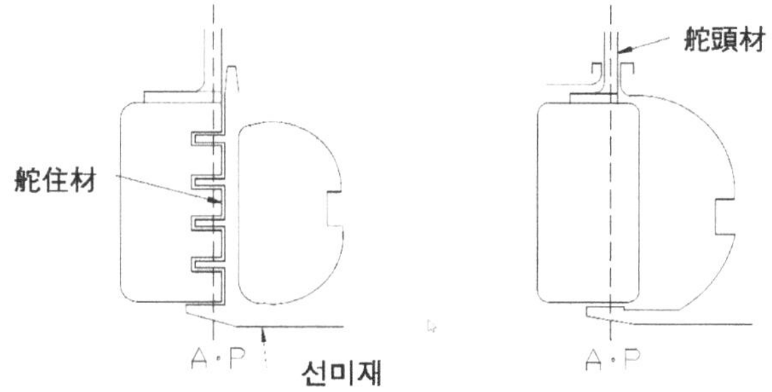

그림1.25 舵株材(Rudder post), 舵頭材(Rudder stock),
船尾材(Stern frame post)

1.4.2 배폭(Breadth)

1) 型幅(Moulded Breadth)

- Moulded Line(현측외판의 내면)에서 반대편 Moulded Line까지의 최대 선폭.

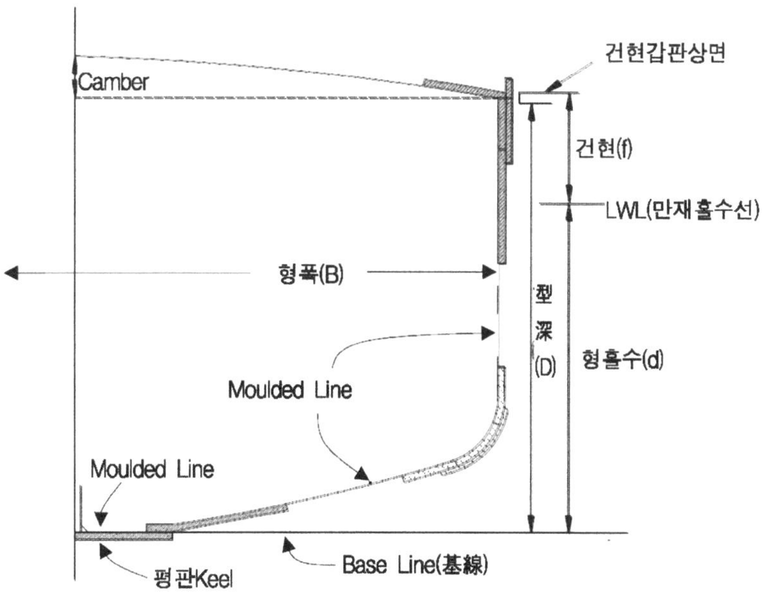

그림 1.26 배폭과 깊이 흘수

2) 全幅(Extreme Breadth, B_{max})

- 가장 넓은 횡단면에서 현측외판의 외면에서 반대쪽 현측외판의 외면까지의 거리. 도킹이나 운하 통과시 중요한 의미를 갖는다.

3) 등록폭(Registered Breadth, B_R)

- 선박원부에 등록하는 폭으로, 최대폭 횡단면에 있어서 외판의 외면에서 다른 편 외판의 外面까지의 거리를 말한다.

1.4.3 배깊이(D, Depth)

1) 型깊이(Moulded Depth, 型深)

- 선체 중앙횡단면에서 현측 Moulded Line과 상갑판 Beam의 상면선과의 교점에서 기선(Base Line)까지의 거리.

2) 등록깊이(DR, Registered Depth)

- 현측형선(Moulded Line)과 상갑판 보(Beam) 상면의 교점으로부터 TOK(용골상면선, Top of Keel) 까지의 거리.

3) 乾舷깊이(DF, Freeboard Depth)

- 건현갑판 상면선에서 수면까지의 거리. 즉 건현(乾舷, Freeboard)을 계산하는데 사용함. 즉 건현갑판 상면선에서 TOK까지의 거리.

1.4.4 흘수(吃水, draft)

1) 型흘수(d, Moulded draft)

- 기선으로부터 임의 흘수선까지의 높이. 선박의 배수상태에 따라 경하흘수(Light draft), 만재흘수(Full Load draft) 등이 있다.

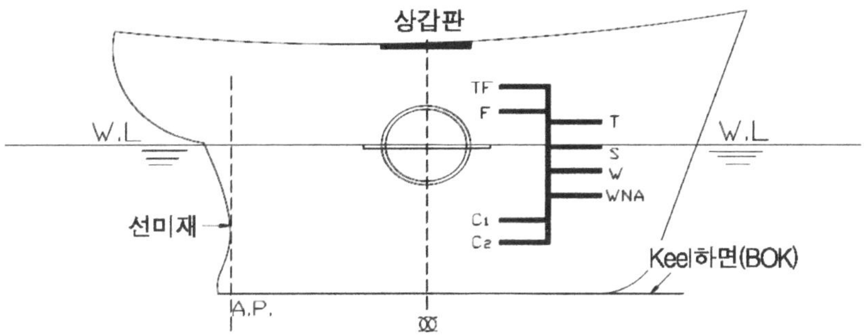

그림 1.27 만재흘수선표(Plimsoll circle, 원표)

2) Scantling draft(구조 흘수)

- 구조강도 계산에 사용하는 최대흘수로, 흘수를 증가시켜 강도(强度)에 여유 갖도록 하기 위해서, 보통 계획 만재흘수선보다 깊게 한다.

3) Keel draft(흘수표 흘수)

- 용골하면선(BOK, Bottom of keel)에서 흘수까지의 깊이

1.4.5 배수량(排水量, Displacement Weight)

선박의 크기를 나타낼 때, 주요치수 외에 선박에 의해 排水된(Displaced) 물의 양 즉, 排水量을 가지고 이야기할 수 있다.

Archimedes의 원리에 의하면 물에 떠 있는 선박의 무게를 $W\,kg$라 하면 이 W는 배가 밀어낸(Displaced) 물의 양과 같다. 즉 배수된 물의 용적을 $V\,m^3$이라고 하면 이는 흘수선 밑의 선박의 체적에 해당되고, 물의 의한 부력 B는

$$B = \rho g V \tag{1.4.1}$$

따라서,

$$W = \rho g V \tag{1.4.2}$$

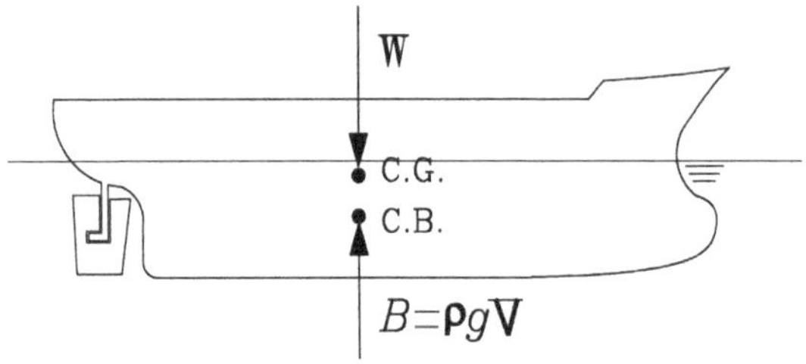

여기서, ρ는 물의 밀도(Density)로 1000 kg/m^3, g는 중력가속도로 9.8 m/s^2이다. 이 중량 W는 ton(=1000 kg)으로 표시한 것이 중량톤수(Weight ton)이다. 지금 만재상태 배수량을 W_F, 경하(輕荷, Light Weight)상태 배수량을 W_L이라 하면, 이 두 값의 차이만큼 짐을 실을 수 있고, 이를 재화중량(載貨重量, Dead Weight, DW)이라 한다.

$$DW = W_F - W_L \quad (1.4.3)$$

재화중량은, 싣는 화물 무게와 연료, 식수, 승무원 무게, 식량, 여객무게 등을 합한 것이다.

중량톤은 보통 킬로톤(kg-ton)을 쓰며 $1K/T = 1000\ kgf$으로 정의한다.

한편 영국과 미국은 전통적으로 롱톤(Long-ton) 즉,

$$1L/T = 2240\ lbf = 1.016\ K/T$$

을 사용하고 또 특별한 경우 숏톤(Short- ton) 즉,

$$2000\,lbf = 1\,S/T = 0.907\ K/T$$

을 사용하는 경우도 있다. 이상과 같은 중량톤수 이외에도 선박에 짐을 실을 수 있는 공간을 모두 합하여 그 체적을 m^3으로 나타낸 후 이를 2.832로 나눈 값을 용적톤수(Volume ton)라 한다. 이 용적톤수에는 총톤수(GT, Gross tonnage)와, 총톤수에서 기관실, 선원실, 밸러스트 탱크 용적 등을 공제한 순톤수(NT, Net tonnage) 등이 있다.

예제 1.7

길이 100 m, 폭 20 m, 깊이 5 m인 Boxbarge의 배수량이 3850 ton일 때, barge의 흘수를 구하라. 비중은 1.010이다.

풀이

식 (1.4.2)에서 barge의 배수량은

$$W = \rho g V$$

$$3850\ \text{ton} \times 9.81\ m/s^2 = 1.010\ \text{ton}/m^3 \times 9.81\ m/s^2 \times 100\ m \times 20\ m \times d$$

$$\therefore d = 1.906\ m$$

답 : 1.906 m

예제 1.8

어떤 배가 해수中 (비중 1.025)에서, 담수中 (비중 1.009)에서와 동일한 흘수로 떠 있기 위해서는, 해수中에 있을 경우 175 ton의 화물을 더 실어야 했다. 이 배의 원래 배수량은 얼마인가?

풀이

해수 중에서의 배수량을 W_1이라 하면, 이에 해당하는 배수용적 V의 담수 중에서의 배수량은 $W_1 - 175$이다.

즉, $W_1 = 1.025\,V$, $W_1 - 175 = 1.0094\,V$ 이므로,

$$V = \frac{W_1}{1.025} = \frac{W_1 - 175}{1.009}$$

$$\therefore W_1 = \frac{1.025 \times 175}{1.025 - 1.009} = 11,211 \text{ ton}$$

그러므로, 원래의 배수량 $W = W_1 - 175 = 11,036 \text{ ton}$

답 : 11,036 ton

1.4.6 TPC(1 cm당 배수톤, Ton per 1 cm Immersion)

선박에 화물을 싣거나 내릴 경우, 화물중량 w에 상응하여 흘수도 변화하게 된다. 선박은 전후 비대칭 형상이므로 화물을 싣거나 내릴 때 Trim이나 Heel이 생길 수 있다. 우선 이런 영향을 무시하고 또 w가 배 전체 배수량 W에 비해 작다면 흘수가 변하더라도 수선면적 A_w는 원래의 값과 거의 같다고 할 수 있다. 따라서

$$w = \rho g \times A_w \times \Delta d \tag{1.4.4}$$

가 된다.

여기서, Δd는 증감된 흘수 값(m)이다. 이를 이용하면 적재화물의 양(w)을 알고 싶으면, 흘수변화(Δd)를 계측하여 거기에 수선면적(A_w)을 곱하면 된다. 즉 흘수가 1 cm 변화하도록 짐을 실을 때 배수량 증가를 每센치미터 배수톤(TPC, Ton per 1 cm immersion)이라 한다.

$$TPC = \frac{A_w}{100} \times \rho g \tag{1.4.5}$$

여기서, A_w는 수선면적(m^2)이고 100으로 나눈 이유는 1 cm 흘수변화를 생각하기 때문이다. 인치 단위를 쓰면

$$TPI = \frac{A_w}{12} \times \rho g \qquad (1.4.6)$$

물론 A_w는 단위가 ft^2이고 TPI를 每인치당 배수톤(lbf)이라 한다.

어떤 흘수에서의 TPC를 알고 있으면 화물 w를 실은 경우 흘수증가 $\delta(cm)$는

$$\delta = 100\Delta d = \frac{100w}{\rho g A_w} = \frac{w}{TPC} \qquad (1.4.7)$$

로 계산할 수 있다.

예제 1.9

길이 20 cm, 폭 3.8 m 인 배가 담수中에 떠 있다. 이 배에서 3.1 ton의 화물을 하역하자 흘수가 균등하게 5 cm 감소하였다. 원래 수선면에 대하여

(1) 담수中의 TPC (2)수선면적을 구하라.

풀이

(1) TPC는 중량 당 몰수깊이(cm) 이므로,

$$TPC = \frac{3.1\,ton}{5\,cm} = 0.62\,ton/cm$$

(2) 흘수 변화가 미세하므로 수선면적 A_W의 변화량을 무시하고, 식 (1.4.4)을 사용하면,

$$W = \rho g \times A_W \times \Delta d$$

$$(3100\,kg)(9.8\,m/s^2) = (1000\,kg/m^3) \times (9.8\,m/s^2) \times A_w \times (0.05\,m)$$

$$\therefore A_w = 62\ m^2$$

답 : (i) 0.62 ton/cm (ii) 62 m^2

예제 1.10

길이 20 m, 폭 4 m, 깊이 2 m인 Boxbarge가 일정 흘수 1 m로 물에 떠있다. 이 배의 중앙에 있는 길이 4 m의 빈 구획이 침수 될 경우 Boxbarge의 흘수를 구하라.

풀이

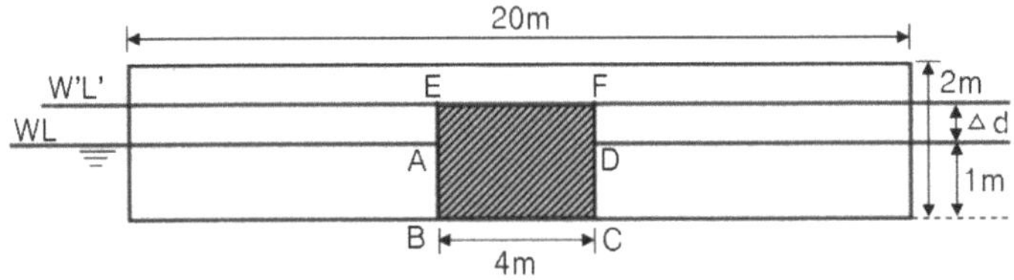

이 문제는 다음과 같이, 두 가지 방법으로 접근할 수 있다.

(1) 부력 소실법(Lost buoyancy method)

침수가 된 구획은 이미 배가 아니라고 생각하여, 이 부분에서 감당하던 부력이 소실되었다고 보면

$$\rho g \bullet d \cdot B \cdot L = \rho g \bullet (d + \Delta d) \cdot B \cdot (L - 4)$$

$$\text{정리하면, } \Delta d = 0.25\, m$$

(2) 중량 부가법(Weight add method)

침수가 된 구역이, 여전히 배의 일부라 생각하고 그 부분에 들어온 물을, 배에 부가된 새로운 중량이라고 본다면

$$\underbrace{\rho g \bullet d \cdot B \cdot L}_{\text{원무게}} + \underbrace{\rho g \bullet (d + \Delta d) B \cdot 4}_{\text{추가된 무게}} = \underbrace{\rho g \bullet (d + \Delta d) B \cdot L}_{\text{최후 배무게}}$$

$$\text{정리하면, } \Delta d = 0.25\, m$$

이상, 두 가지 접근 방법에 의한 결과는 같게 된다.

따라서 최종 흘수는 $d' = \Delta d + d = 0.25 + 1.0 = 1.25$

1.5 각종계수

선박의 형상 중 수면하의 모양(Ship Hull)은 그 선박의 유체정역학적 (Hydrostatic)인 특성을 지배하고, 또 유체동역학적 (Hydrodynamic) 성능에도 관계된다. 한편 수면상의 형상은 선박의 공기역학적(Aerodynamic) 특성에 관계되므로 수면상의 구조물이 많은 선박, 예를 들어, 여객선, 컨테이너선, 자동차 운반선 등에서는 수면상의 선체 영향도 매우 중요하다. 선박공학에서는 여러 가지 목적에 의해 각종 형상계수를 정의하여 사용한다. 이들을 통틀어 船型係數(Form Coefficient)라 한다.

1.5.1 방형(方形)계수(Block Coefficient, C_b, 肥瘠계수)

그림 1.28과 같이 선체의 배수용적 V와 길이 L, 폭 B, 흘수 d로 이루어진 육면체의 체적의 比를 방형계수라 하고 C_b로 표시한다.

$$C_b = \frac{V}{L \times B \times d} = \frac{W}{\rho g L B d} \tag{1.5.1}$$

여기서 V, L, B, d 등은 모두 Moulded line을 기준으로 한 값이다. 이 C_b값은 Hull의 뚱뚱하거나 홀쭉한 정도를 나타내고 저속비대선은 대략 0.8~0.85 정도, 고속(홀쭉)선은 대략 0.5~0.7 정도의 값을 갖는다. 요트나 구축함의 경우는 0.38~0.5 정도이다.

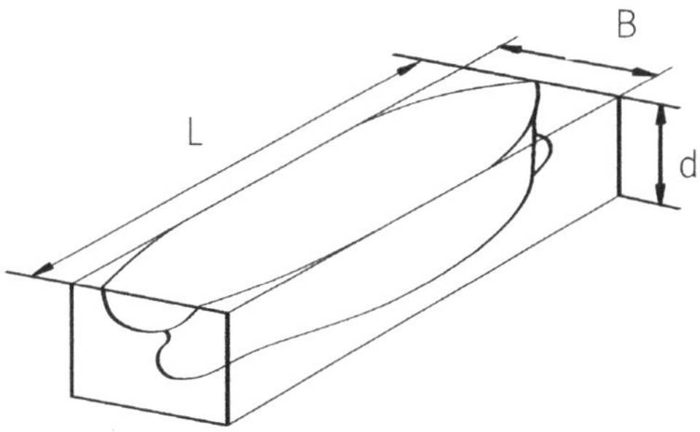

그림 1.28 방형계수

예제 1.11

수선간장의 길이 29 m, 형폭 6 m, 형흘수가 2.62 m 인 어선의 방형계수 C_b를 구하라. 어선의 배수량은 295 ton이다.

풀이

식 (1.5.1)에 의해,

$$C_b = \frac{W}{\rho g L B d}$$

$$= \frac{295 \times 1000kg \times 9.81m/s^2}{1024kg/m^3 \times 9.81m/s^2 \times 29m \times 6m \times 2.62m}$$

$$= 0.632$$

답 : 0.632

1.5.2 주형(柱形)계수(C_p, Prismatic Coefficient)

그림 1.29와 같이 배수용적 V와 선체의 중앙횡단면($A_{\otimes}$)을 갖는 길이 L인 주상체(Prismatic Body)의 체적比를 주형계수라 한다.

$$C_p = \frac{V}{A_{\otimes} \cdot L} = \frac{W}{\rho g A_{\otimes} \cdot L} \tag{1.5.2}$$

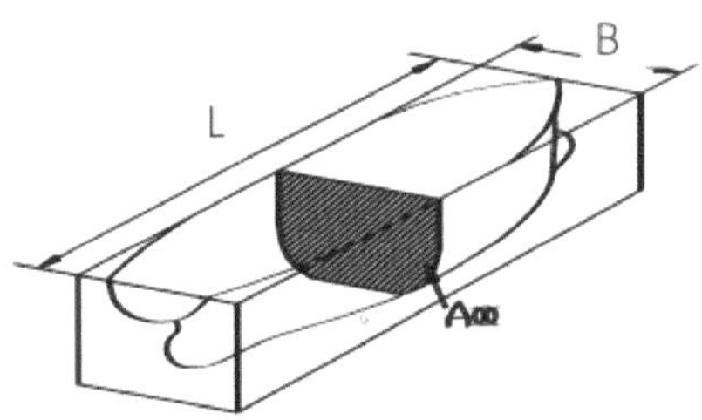

그림 1.29 주형계수

1.5.3 연직주형계수(C_{vp}, Vertical Prismatic Coefficient)

그림 1.30과 같이 배수용적 V와 수선면적 A_w를 단면으로 하는 높이 d인 주상체와의 체적比를 연직주형계수라 한다.

$$C_{vp} = \frac{V}{A_w \cdot d} \tag{1.5.3}$$

C_{vp}값이 클수록 선체단면이 U형이고, 작을수록 V형임을 알 수 있다.

1.5.4 중앙횡단면계수 $C_{\otimes}$(CM)

그림 1.31과 같이 중앙횡단면적 $A_{\otimes}$와 B, 및 이로 이루어진 4각형의 면적比를 중앙횡단면계수라 한다.

그림 1.32와 같이 각 단면의 $A_{\otimes}$에 대한 면적비를 그림으로 나타내면 이 곡선의 형태가 선체 추진, 저항성능에 밀접한 연관을 보이므로, 초기설계시 매우 중요하다.

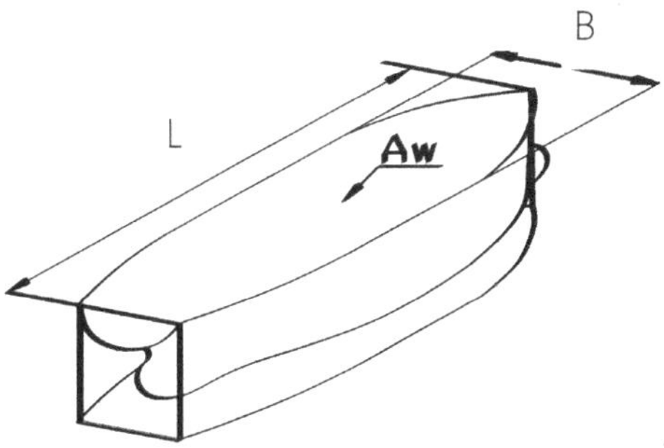

그림 1.30 연직주형계수

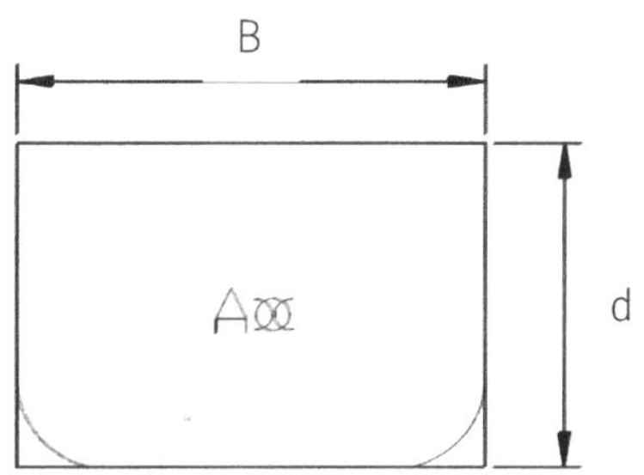

그림 1.31 중앙횡단면계수

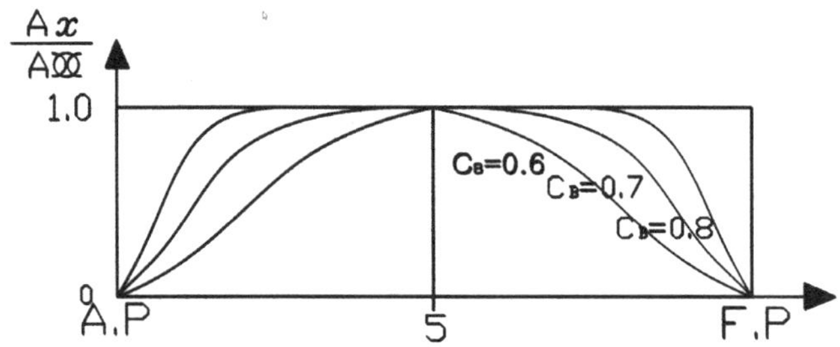

그림 1.31 중앙횡단면계수

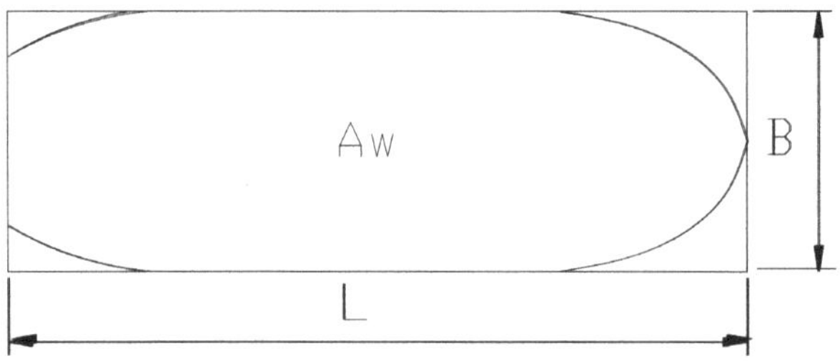

그림 1.33 수선면적계수

1.5.5 수선면적계수(C_w, Waterplane area coefficient)

수선면적 AW와 L, B로 이루어진 직사각형 면적의 比를 수선면적계수라 한다.

$$C_w = \frac{A_w}{LB} \tag{1.5.4}$$

CW는 선박의 저항이나 안정성(복원성)을 논할 때 중요한 값이다.

이상의 각 계수들의 관계를 정리해 보면

$$C_b = C_p \cdot C_{⊠} = C_{vp} \cdot C_w \tag{1.5.5}$$

$$C_p = \frac{C_b}{C} \tag{1.5.6}$$

$$C_{vp} = \frac{C_b}{C_w} \tag{1.5.7}$$

초기설계단계에서 이상의 5개의 선형계수 중 3개를 우선 선정하면 나머지 2개는 앞의 관계식을 이용하여 결정하게 된다. 일반적으로 이들 계수들은 다음 관계를 갖는다.

⇨ 상선형 : $C_b < C_p < C_w < C_{vp} < C_{\boxtimes}$

⇨ 어선형 : $C_b < C_p < C_{vp} < C_w < C_{\boxtimes}$

예제 1.12

길이 100 m, 폭 14 m인 선박이 해수 중에 떠있다. 이때, 선박에 50 ton의 화물을 선적하면 흘수증가량은 얼마인가? 선박의 수선면적계수는 0.774 이다.

풀이

식 (1.5.4)에 따라

$$C_W = 0.774 = \frac{A_W}{LB}$$

$$\therefore A_W = 0.774 \times 100m \times 14m = 1083.6m^2$$

식 (1.4.4)를 사용하여,

$$W = \rho g \times A_W \times \Delta d$$

$$50 \times 1000\ kg \times 9.8\ m/s^2 = 1024\ kg/m^3 \times 9.8\ m/s^2 \times 1083.6\ m^2 \times \Delta d$$

$$\therefore \Delta d = 0.045\ m$$

답 : 4.5 cm

예제 1.13

배수량 1300 ton, 길이 60 m, 폭 8 m인 배가 비중 1.023인 해역에 평균흘수 3.5 m로 떠 있다. 이때 수선면계수가 0.851이다. 이 배가 비중 1.005인 강에 도착하면 흘수는 얼마가 되나?

풀이

✓ 선박이, 비중이 다른 해역에 가더라도 배수량은 변하지 않는다.

비중 1.023에서의 배수 용적

$$V_A = \frac{(1300ton)(9.8m/s^2)}{(1.023ton/m^3)(9.8m/s^2)} = 1270.77m^3$$

비중 1.005에서의 배수 용적

$$V_B = \frac{(1300ton)(9.8m/s^2)}{(1.005ton/m^3)(9.8m/s^2)} = 1293.53m^3$$

그러므로 선박이 이동했을 때의 배수용적의 변화($\triangle V$)는

$$\triangle V = V_B - V_A = 22.76\ m^3$$

이때, 수선면 계수에서

$$C_W = \frac{A_W}{LB} = 0.851$$

$$\therefore A_W = 408.48\ m^2$$

흘수 변화에 A_W가 일정하다면, 비중 1.005에서의 흘수 변화 Δd는

$$\triangle V = \rho g (A_W)(\triangle d)$$

$$22.76 = (1.005)(9.8)(408.48)(\triangle d)$$

$$\therefore \triangle d = 0.0557\,m$$

비중이 낮은 곳에서 더 가라앉으므로,

$$d' = 3.5\ m + 0.0557 \fallingdotseq 3.56\,m$$

답 : 3.56 m

2

면적 및 배수량(排水量)의 계산

2.1 면적 및 부피의 계산

2.1.1 면적의 계산법

그림 2.1과 같이 x-y 좌표축 上에서 함수 $f(x)$의 a에서 b까지 면적 A는

$$A = \int_a^b f(x)dx \tag{2.1.1}$$

로 표시된다.

Computer를 이용한 數値的 積分(Numerical Integration)에서는 식 (2.1.1) 대신에 다음과 같은 이산화 된 식을 사용해야 한다.

$$A = \int_a^b f(x)dx = \sum_{i=1}^{n} f(x_i)\Delta x_i \tag{2.1.2}$$

일례로, 그림 2.2와 같이 4분원의 면적을 구하는 경우 각막대의 면적을 dA라 하면

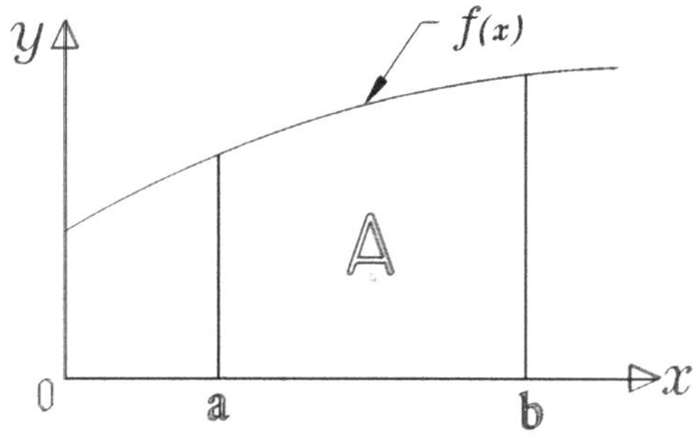

그림 2.1 면적계산

$$dA = y_i \times dx = \sqrt{a^2 - x_i^2} \cdot \Delta x_i$$

가 되고 전체 면적 A는

$$A = \int dA = \sum_{i=1}^{N} \sqrt{a^2 - x_i^2} \cdot \Delta x_i$$

에서 N을 큰 값으로 하여 계산하면 원래 면적과 아주 가까운 수치적 값을 얻을 수 있다.

이보다 계산 회수를 현저히 줄이면서 동등한 효과를 내기 위해 평균치 법을 쓰게 된다. 평균치법이란, 이산화된 x_i에 있어서 함수값 $f(x_i)$에 대해 Weighting S_i를 고려하여,

$$A = \sum_{i=1}^{N} S_i \cdot f(x_i) \cdot \Delta x_i \tag{2.1.3}$$

이러한 평균치법에는 Newton-cotes 공식(Simpson 제1, 2법칙), Maclaurin 공식, Tchebycheff공식, Gauss 공식 등이 있다. 그밖에도 Lagrange의 보간법에 의해 면적을 구하기도 한다.

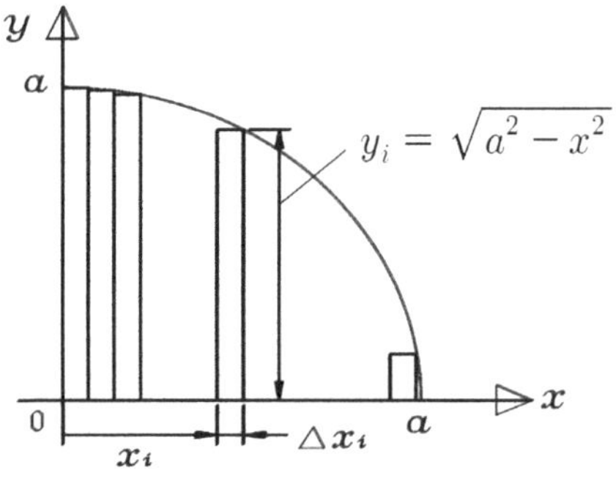

그림 2.2 이산화 계산

2.1.2 Simpson의 제 1법칙

그림 2.3과 같이 $y=f(x)$곡선 下,$x_0 \sim x_2$ 까지 사이의 면적을 구할 때, $f(x)$를 x에 관한 2차 다항식으로 가정하면

$$y=a_0+a_1x+a_2x^2 \tag{2.1.4}$$

그러면,

$$y_0=a_0+a_1x_0+a_2x_0^2$$

$$y_1=a_0+a_1x_1+a_2x_1^2$$

$$y_2=a_0+a_1x_2+a_2x_2^2$$

이고,

$$A=\int_{x_0}^{x_2}f(x)dx=\int_{x_0}^{x_1}f(x)dx+\int_{x_1}^{x_2}f(x)dx \tag{2.1.5}$$

$$=a_0[x_1-x_0]+\frac{a_1}{2}[x_1^2-x_0^2]+\frac{a_2}{3}[x_1^3-x_0^3]$$

$$+a_0[x_2-x_1]+\frac{a_1}{2}[x_2^2-x_1^2]+\frac{a_2}{3}[x_2^3-x_1^3]$$

$$=a_0[x_2-x_0]+\frac{a_1}{2}[x_2^2-x_0^2]+\frac{a_2}{3}[x_2^3-x_0^3]$$

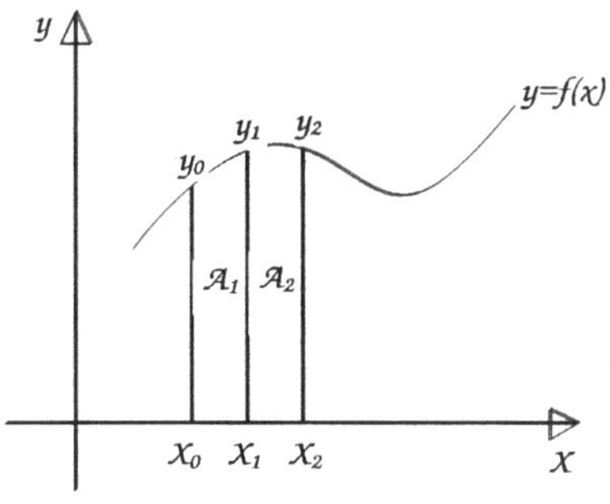

그림 2.3 심프슨 제1법칙

$$= a_0(x_2 - x_0) + \frac{a_1}{2}(x_2 - x_0)(x_2 + x_0)$$

$$+ \frac{a_2}{3}(x_2 - x_0)(x_2^2 + x_0 x_2 + x_0^2)$$

$$= \frac{(x_2 - x_0)}{6}\left[6a_0 + 3(x_2 + x_0)a_1 + 2(x_2^2 + x_2 x_0 + x_0^2)a_2\right]$$

$$= \frac{(x_2 - x_0)}{6}\left[6a_0 + a_1\{x_0 + 2(x_0 + x_2) + x_2\}\right.$$

$$\left. + a_2\left\{x_0^2 + x_2^2 + (x_0 + x_2)^2\right\}\right]$$

여기서$(x_0 + x_2) = 2x_1$을 사용하면

$$= \frac{(x_2 - x_0)}{6}\left[6a_0 + a_1\{x_0 + 4x_1 + x_2\} + a_2\left\{x_0^2 + 4x_1^2 + x_2^2)\right\}\right]$$

$$= \frac{(x_2 - x_0)}{6}\left[a_0 + a_1 x_0 + a_0 x_0^2 + 4\left\{a_0 + a_1 x_1 + a_2 x_1^2\right\}\right.$$

$$\left. + \left\{a_0 + a_1 x_2 + a_2 x_2^2\right\}\right]$$

$$= \frac{x_2 - x_0}{6}[y_0 + 4y_1 + y_2]$$

이제,

$x_2 - x_0 = 2(x_1 - x_0) = 2(x_2 - x_1) = 2h$ 라 놓으면

$$A = \frac{h}{3}(y_0 + 4y_1 + y_2) \tag{2.1.6}$$

즉,$x_0 \sim x_2$ 사이의 면적은 종좌표y_0, y_1, y_2를 구하여, 각각에 Weight 1, 4, 1을 하여 합한 후, $\frac{h}{3}$를 곱하면 얻어진다. 이를 Simpson의 제 1법칙이라 한다.

이제 이 Simpson법칙을 배의 수선면적 계산에 적용하여 보자.

그림 2.4와 같이 수선면이 있을 때, 각 Station에서 반폭을 $y_0, y_1, \ldots\, y_{10}$이라하면 수선면적 A는

$$\frac{1}{2}A = \frac{h}{3}(y_0 + 4y_1 + 2y_2 + 4y_3 + 2y_4 + 4y_5 + 2y_6 + 4y_7$$
$$+ 2y_8 + 4y_9 + y_{10})$$
$$= \frac{h}{3}\sum_{i=0}^{10}(y_i \times S_i) \qquad (2.1.7)$$

한편, 곡선의 변화가 심한 곳은 간격을 좀더 잘게 하여 Simpson 법칙을 적용할 수 있다. 그림 2.5아 같이 1과 3 사이에서 1, $\frac{1}{2}$, $2\frac{1}{2}$로 면적을 세분하면

$$A = \frac{h}{3}\sum_{i=0}^{10}(y_i \times s_i)\text{에서}$$

$$A = \frac{h}{3}(\frac{1}{2}y_1 + 2y_{1\frac{1}{2}} + 1y_2 + 2y_{2\frac{1}{2}} + 1\frac{1}{2}y_3$$
$$+ 4y_4 + 2y_5 + 4y_6 + y_7)$$

가 된다.

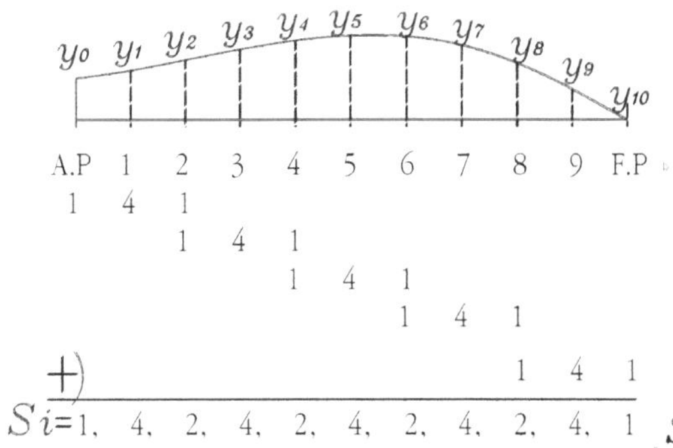

그림 2.4 Simpson 법칙의 적용 例

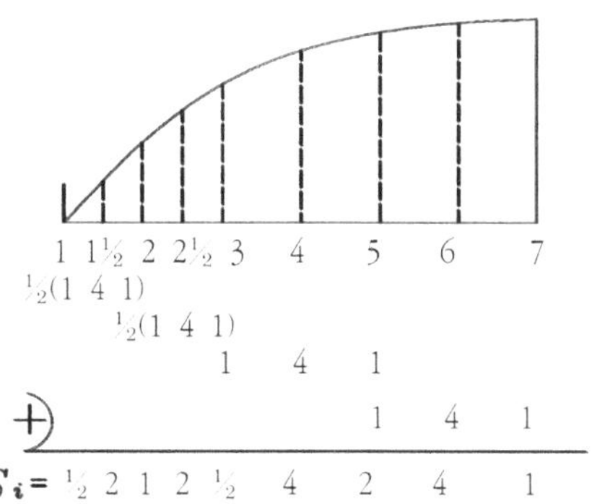

그림 2.5 Simpson 법칙 적용 例

예제 2.1

그림 2.4의 경우에, h가 6 m, $y_0, y_1, \cdots, y_6$이 각각 12.86, 12.93, 12.99, 13.03, 13.05, 13.02, 12.98 일 때, Simpson 제1법칙을 사용하여 면적을 구하라.

풀이

	y_i	s_i	$y_i \times s_i$
y_0	12.86	1	12.86
y_1	12.93	4	51.72
y_2	12.99	2	25.98
y_3	13.03	4	52.12
y_4	13.05	2	26.10
y_5	13.02	4	52.08
y_6	12.98	1	12.98
		$(\sum y_i \times s_i) =$	233.84
		$h/3 =$	2
		$A =$	467.68 m^2

답 : 467.68 m^2

2.1.3 Simpson 제 2법칙

이번에는 $y = f(x)$곡선을x에 관한 3차식이라고 가정하면

$$y = a_0 + a_1 x + a_2 x^2 + a_3 x^3 \tag{2.1.8}$$

이때 $x_0 \sim x_3$까지 y곡선 下의 면적 A는

$$A = \frac{3h}{8}(y_0 + 3y_1 + 3y_2 + y_3) \tag{2.1.9}$$

로 얻어진다. 이를 Simpson 제 2법칙이라 한다.

Simpson 제2법칙은 Station이 짝수 개일 때만 적용할 수 있다. 예를 들어 그림 2.7에서

$$A = \frac{3}{8}h\sum(y_i \times s_i)$$

$$= \frac{3}{8}h(y_1 + 3y_2 + 3y_3 + 2y_4 + 3y_5 + 3y_6 + 2y_7 + 3y_8 + 3y_9 + y_{10})$$

이다.

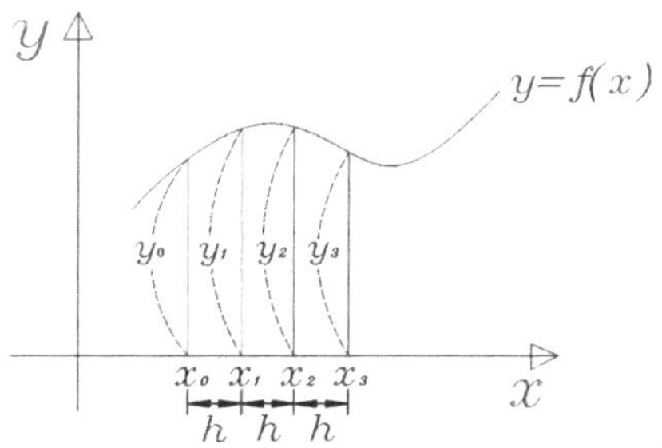

그림 2.6 심프슨 제2 법칙

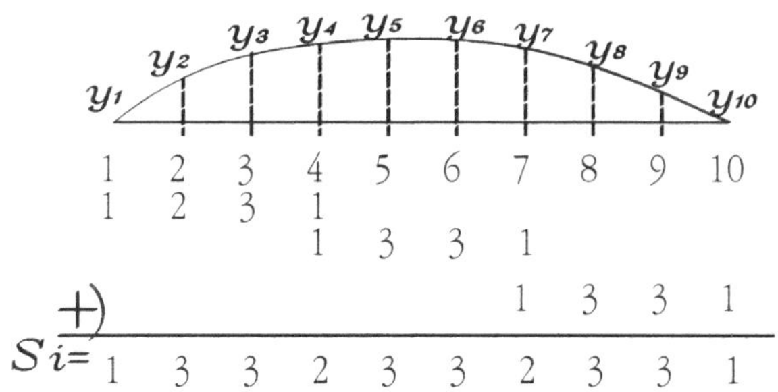

그림 2.7 Simpson 제2법칙의 적용 例

예제 2.2

Simpson 제2법칙을 사용하여 예제 2.1의 면적을 구하라.

풀이

	y_i	cs_i	$y_i \times s_i$
y_0	12.86	1	12.86
y_1	12.93	3	38.79
y_2	12.99	3	38.97
y_3	13.03	2	26.06
y_4	13.05	3	39.15
y_5	13.02	3	39.06
y_6	12.98	1	12.98
		$(\sum y_i \times s_i) =$	207.87
		$3h/8 =$	2.25
		$A =$	467.71 m^2

답 : 467.71 m^2

예제 2.3

어떤 배의 수선면 길이가 18 m이고, 선수로부터 등간격으로 반폭이 0 m, 1.2 m, 1.5 m, 1.8 m, 1.8 m, 1.5 m, 1.2 m이다. 수선면의 x축에 대한 2차모멘트 I_{xx}와

부면심을 지나는 y_2축에 대한 2차모멘트 $I_{y_2 y_2}$ 그리고, 부면심 $\overline{\otimes F}$를 구하라.

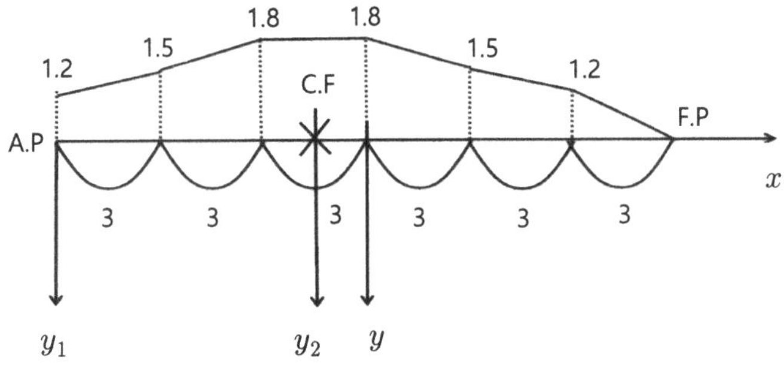

풀이

우선 수선면 면적 A_w는

$$\frac{1}{2}A_w = \frac{1}{3}\times 3\times\{1\times 0+4\times 1.2+2\times 1.5+4\times 1.8$$
$$+2\times 1.8+4\times 1.5+1\times 1.2\}$$

$$= 25.8\,m^2$$

$$\therefore A_w = 51.6\,m^2$$

다음으로, I_{xx}를 구해보자.

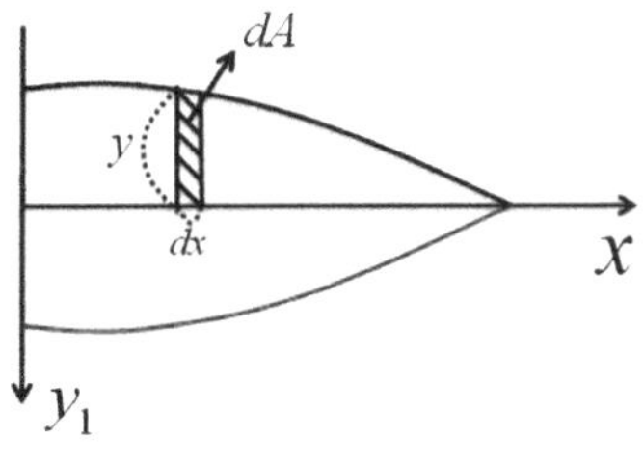

그림에서, 빗금 친 요소 dA의 x축에 대한 2차 모멘트는

$$\frac{1}{2}dI_{xx} = \frac{1}{3}(y^3)dx$$

$$\therefore I_{xx} = \frac{2}{3}\int_0^L y^3 dx = \frac{2}{3} \cdot \frac{h}{3}\Sigma(y_i^3 \cdot S_i)$$

$$I_{xx} = \frac{2}{3} \cdot \frac{3}{3}\{1\times 0 + 4\times 1.2^3 + 2\times 1.5^3 + 4\times 1.8^3 + 2\times 1.8^3 + 4\times 1.5^3 + 1\times 1.2^3\}$$

$$\frac{2}{3}\{63.882\} = 42.588\ m^4$$

한편 부면심은 y_1축에 대한 1차 모멘트를 구하면

$$\frac{1}{2}Q_{y_1} = \int_0^L xdA = \int_0^L x \cdot ydx = \frac{h}{3}\Sigma(x_i y_i \times S_i)$$

$$= \frac{3}{3}\{1\times 0\times 1.2 + 4\times 3\times 1.5 + 2\times 6\times 1.8 + 4\times 9\times 1.8 + 2\times 12\times 1.5 + 4\times 15\times 1.2 + 1\times 18\times 0\}$$

$$= 212.4$$

$$\therefore Q_{y_1} = 424.8$$

따라서, y_1축에서 도심까지 거리 $\bar{y}$는

$$\bar{y} = \frac{Q_{y_1}}{A} = \frac{424.8}{51.6} = 5.2326\ m$$

결국, $\overline{\boxtimes F} = 8.2326 - 9 = -0.767\ m$로 Midship에서 후방으로 0.767 m에 C.F. 가 있다.

$I_{y_1 y_1}$는,

$$\frac{1}{2} I_{y_1 y_1} = \int_0^L x^2 dA = \int_0^L x^2 y dx = \frac{h}{3} \Sigma (x_i^2 y_i \times S_i)$$

$$= \frac{3}{3} \{1 \times 0^2 \times 1.2 + 4 \times 3^2 \times 1.5 + 2 \times 6^2 \times 1.8 + 4 \times 9^2 \times 1.8 + 2 \times 12^2 \times 1.5 + 4 \times 15^2 \times 1.2 + 1 \times 18^2 \times 0\}$$

$$= 2278.8$$

$$\therefore I_{y_1 y_1} = 4557.6$$

따라서 평행축 이동정리를 사용하면 부면심을 지나는 y_2축에 대한 수선면의 2차모멘트는

$$I_{y_2 y_2} = I_{y_1 y_1} - A_w \times \bar{y}^2$$

$$= 4557.6 - 51.6 \times (8.2326)^2$$

$$= 1060.4 \ m^4$$

답 : $I_{xx} = 42.588 \ m^4$, $I_{y_2 y_2} = 1060.4 \ m^4$, $\overline{\otimes F} = -0.767 \ m$

2.1.4 5·8·-1 법칙

그림 2.8에서 곡선 $f(x)$를 x에 관한 2차다항식으로 가정하면 x_0에서 x_1사이의 면적 A_1은

$$A_1 = \int_{x_0}^{x_1} (a_0 + a_1 x + a_2 x^2) dx$$

$$= a_0 h + \frac{a_1}{2} h^2 + \frac{a_2}{3} h^3 \qquad (2.1.10)$$

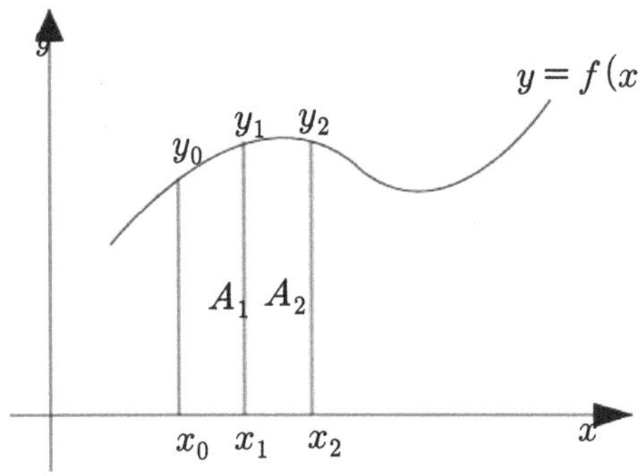

그림 2.8 5·8·-1 법칙

여기서 $h = x_1 - x_0$ 이다.

이제 편의상 $x_0 = 0$으로 놓으면

$$y_0 = a_0$$

$$y_0 = a_0 + a_1 h + a_2 h^2$$

$$y_2 = a_0 + a_1(2h) + a_2(2h)^2 = a_0 + 2a_1 h + 4a_2 h^2$$

식 (2.1.10)을 변형하면

$$A_1 = \frac{h}{12}(12a_0 + 6a_1 h + 4a_2 h^2)$$

$$= \frac{h}{12}[5a_0 + 8(a_0 + a_1 h + a_2 h^2) \; - (a_0 + 2a_1 h + 4a_2 h^2)]$$

$$= \frac{h}{12}(5y_0 + 8y_1 - y_2) \qquad (2.1.11)$$

이 된다.

즉 A_1의 면적을 구할 때, y_0, y_1, y_2값에 5, 8, -1이란 Weight를 곱하고 전체에 $\frac{h}{12}$를 곱하면 된다. 이를 5· 8· -1법칙이라 한다. A_2에 대해 이 법칙을 적용하면

$$A_2 = \frac{h}{12}(5y_2 + 8y_1 - y_0) \qquad (2.1.12)$$

$A_1 + A_2$를 구하기 위해서는 식 (2.1.11)과 (2.1.12)을 合하면 된다.

즉,

$$A_1 + A_2 = \frac{h}{12}(4y_0 + 16y_1 + 4y_2) = \frac{h}{3}(y_0 + 4y_1 + y_2) \qquad (2.1.13)$$

이 되어, 처음부터 Simpson 제 1법칙을 적용할 때의 결과와 같음을 알 수 있다.

예제 2.4

길이 98 m인 배를 전후방향으로 10등분한 경우 횡단면적(수면 이하의)이, 후단으로부터 각각 0, 20.7, 43.2, 59.4, 67.8, 69.0, 66.3, 55.2, 37.3, 16.4, 0.4 m^2일 때, 이 배의 배수용적과 해수中 에서의 배수량을 구하라.

풀이

$h = \frac{98}{10} = 9.8$이고, 식 (2.1.13)을 사용하면,

배수용적 $V = \frac{h}{3}(A_0 + 4A_1 + A_2)$ 이므로,

$$\begin{aligned} V = \frac{9.8}{3}(&1\times 0 + 4\times 20.7 + 2\times 43.2 + 4\times 59.4 + 2\times 67.8 \\ &+ 4\times 69 + 2\times 66.3 + 4\times 55.2 + 2\times 37.3 + 4\times 16.4 + 1\times 0.4) \\ = {}& 4287\ m^3 \end{aligned}$$

배수량 $W = \rho g V$ 이므로,

$$\begin{aligned} W &= 1025kg/m^3 \times 9.8m/s^2 \times 4287m^3 = 43064622.65kg\ m/s^2 \\ &\fallingdotseq 4394 \end{aligned}$$

답 : 배수용적 = 4287 m^3 배수량 = 4394 ton

2.1.5 Tchebycheff의 법칙

앞서의 여러 면적계산법은 종좌표(y_i)를 등간격으로 잡고, Weight(s_i)를 변화시켜 가며 전체 면적을 구하는 방식이었다. 그러나, Tchebycheff는 Weight를 모두 1로 하고, 종좌표의 위치(x_i)를 어떤 법칙에 따라 설정하여, 종좌표들을 단순합산하고 거기에 어떤 계수를 곱하면 전체 면적이 얻어지는 방법을 개발하였다. 이 방법은 종래 방법에 비해 종좌표의 수가 적더라도 정도 높은 근사값을 구할 수 있고, 계산도 간편하다는 잇점이 있다. 곡선 AB를 n차 포물선으로 보면

$$y = f(x) = a_0 + a_1 x + \cdots \ \cdots + a_n x^n \tag{2.1.14}$$

따라서 곡선 下의 면적은

$$A = \int_{-l}^{l} f(x)dx = 2l(a_0 + a_2\frac{l^2}{3} + a_4\frac{l^4}{5} + \ \cdots \ + a_n\frac{l^n}{n+1}) \ ; (n\text{이 짝수일 때})$$

(2.1.15)

$$= 2l(a_0 + a_2\frac{l^2}{3} + a_4\frac{l^4}{5} + \ \cdots \ + a_{n-1}\frac{l^{n-1}}{n}) \ ;(n\text{이 홀수일때})$$

한편, 전체면적 A를 다음과 같이 쓸수 있다고 가정하자.

$$A = (y_1 + y_{-1} + y_2 + y_{-2} + ... + y_{\frac{n}{2}} + y_{-\frac{n}{2}}) \times C \ ; (n\text{이 짝수 일 때}) \tag{2.1.16}$$

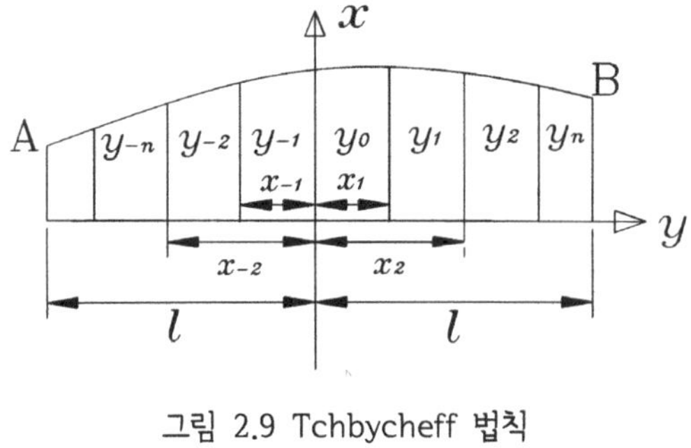

그림 2.9 Tchbycheff 법칙

$$A=(y_1+y_{-1}+y_2+y_{-2}+\ldots+y_{\frac{n-2}{2}}+y_{-\frac{n-2}{2}})\times C \quad (n\text{이 홀수 일때})$$

이상의 관계를 이용하면

$$C=\frac{2l}{n} \tag{2.1.17}$$

$$n=2\text{때} \quad x_1^2=\frac{l^2}{3} \quad \therefore x_1=\pm\frac{l}{\sqrt{3}} \tag{2.1.18}$$

$$n=3\text{때} \quad x_1^2=\frac{l^2}{2} \quad \therefore x_1=\pm\frac{l}{\sqrt{2}} \tag{2.1.19}$$

$$n=4\text{때} \quad x_1^2+x_2^2=\frac{2}{3}l^2 \text{ 에서 } x_1=\pm 0.1876\, l$$

$$x_1^4+x_2^4=\frac{2}{5}l^2 \text{ 에서 } x_2=\pm 0.7947\, l \tag{2.1.20}$$

을 얻는다.

이 결과를 표로하면 표 2.1과 같다.

표 2.1 체비세프의 스테이션위치

단면수(n)	승수(c)	원점에서 단면까지 거리($\pm x_i$)			
		x_0	$\pm x_1$	$\pm x_2$	$\pm x_3$
2	l	-	±0.5773l		
3	$\frac{2}{3}l$	0	±0.7071l		
4	$\frac{1}{2}l$	-	±0.1876l	±0.7947l	
5	$\frac{2}{5}l$	0	±0.3745l	±0.8325l	
6	$\frac{1}{3}l$	-	±0.2666l	±0.4225l	±0.8662l
7	$\frac{2}{7}l$	0	±0.3239l	±0.5297l	±0.8839l

2.1.6 극좌표에 의한 면적계산

직각좌표$(x,\ y)$ 대신에 극좌표$(r,\ \theta)$로 함수를 표시할 때

$$x = r\cos\theta$$

$$y = r\sin\theta$$

이때 그림 2.8에서 미소각 $d\theta$에 관계된 면적 요소 dA는

$$dA = \frac{1}{2} \times r \times ds = \frac{1}{2} r^2 d\theta \qquad (2.1.21)$$

따라서 $\theta_1 \sim \theta_2$ 사이의 면적 A는

$$A = \int_{\theta_1}^{\theta_2} \frac{1}{2} (f(r))^2 d\theta \qquad (2.1.22)$$

극좌표 형식의 면적계산에서도 Simpson 법칙을 적용할 수 있다.

예를 들어 선체 단면을 각 ϕ로 분할하여 $\phi_1 = 0$。 ,$\phi_2 = 6\phi$일 때

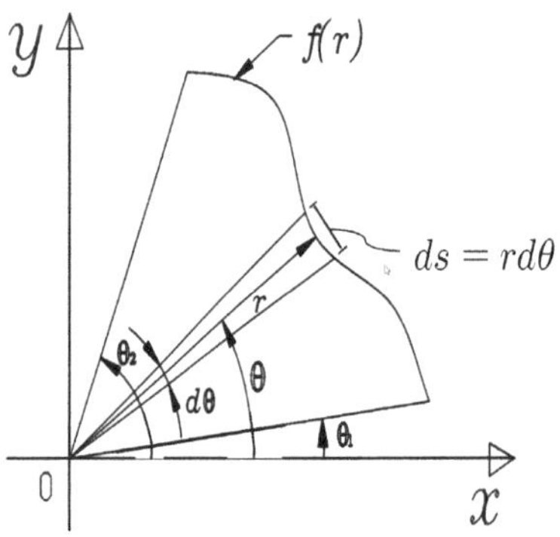

그림 2.10 극좌표

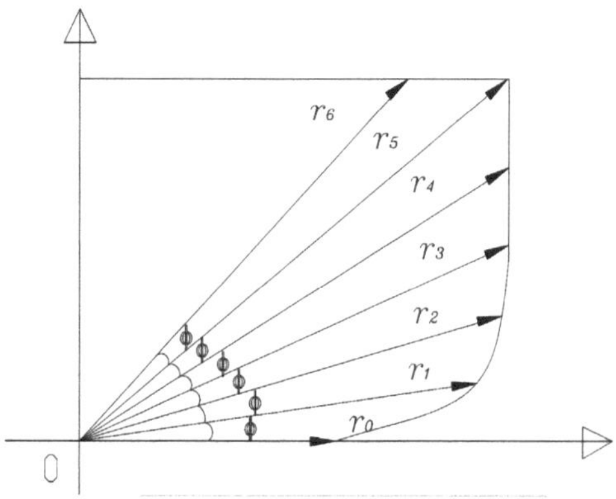

그림 2.11 극좌표에 의한 면적계산

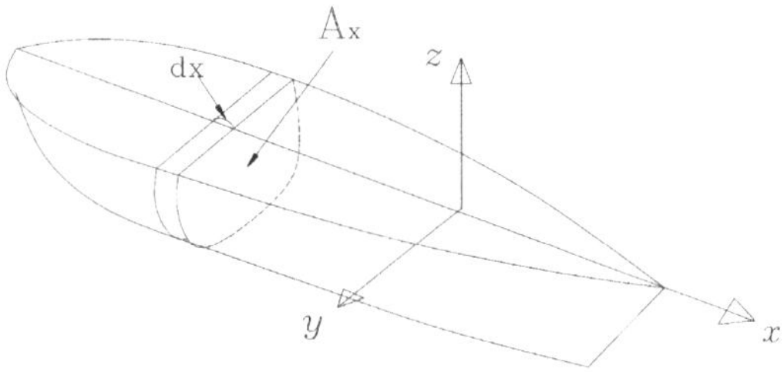

그림 2.12 배수량 계산

$$A = \int_{\phi_1}^{\phi_2} \frac{1}{2}(f(r))^2 d\phi$$

$$= \frac{1}{2} \times \frac{\phi}{3}(r_0^2 + 4r_1^2 + 2r_2^2 + 4r_3^2 + 2r_4^2 + 4r_5^2 + r_6^2) \quad (2.1.23)$$

로 구할 수 있다.

2.2 배수량의 계산

선박의 배수용적 V를 구하기 위해서는 그림과 같이 x 축으로 미소 요소 dx 두께를 갖는 단면적 A_x로 된 strip들을 생각하여

$$V = \int_L A_x dx = \sum A_x \Delta x = \frac{h}{3} \sum (A_x \cdot S) \quad (2.2.1)$$

한편 동일한 배의 V를 구할 때 그림 2.1과 같이 Z축 방향으로 두께 dz이고 단면적 A_w인 strip 들로 분할하여 계산해도 된다.

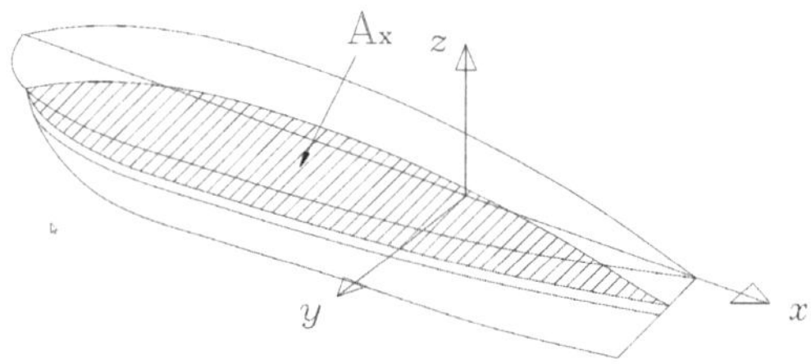

그림 2.13 배수량 계산

$$V=\int_{0}^{W.L} A_{w}\, dz \qquad (2.2.2)$$

한편 2.2.1식에서 A_x는

$$A_x = 2\cdot\frac{k}{3}\sum(y\cdot s') \qquad (2.2.3)$$

이므로,

$$V=2\cdot\frac{h}{3}\frac{k}{3}[\sum(y\cdot s')s] \qquad (2.2.4)$$

여기서 h는 단면의 x 방향 간격이고 k는 한단면의 y좌표의 z방향 간격이다. 또, s, s' 는 각각 Simpson 승수에 해당된다.

예제 2.5

그림과 같이 반구(半球) 모양의 물체가 물에 떠있다. 배수용적을 Simpson 법칙을 사용하여 구하라.

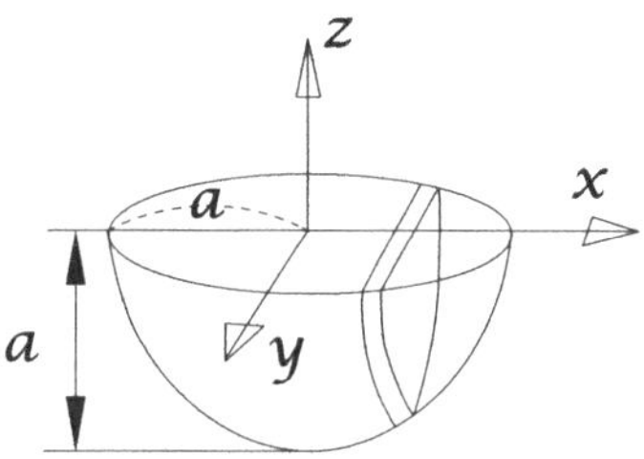

풀이

Simpson's First Rule을 적용시키기 위해, 우선 반구를 그림과 같이 균일 간격으로 10등분 한다.

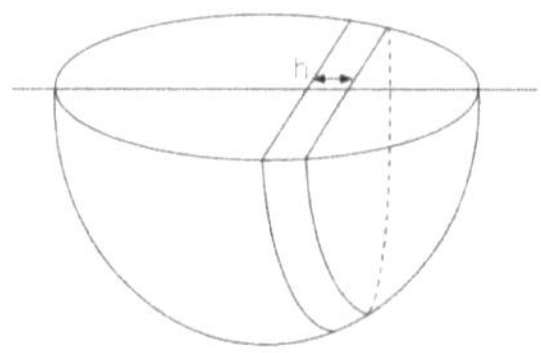

이렇게 등분된 구의 단면은 반원형을 가지므로 간단하게 넓이를 구할 수 있다.

각 구간별 간격 $h = \frac{2a}{10} = \frac{a}{5}$ 이고,

각 스테이션마다 넓이를 각각 구하면 아래 표와 같다.

St.	1	2	3	4	5	6
A_i	0	$\frac{9\pi a^2}{50}$	$\frac{16\pi a^2}{50}$	$\frac{21\pi a^2}{50}$	$\frac{24\pi a^2}{50}$	$\frac{\pi a^2}{2}$ $\frac{\pi a^2}{2}$
St.	7	8	9	10	11	
A_i	$\frac{24\pi a^2}{50}$	$\frac{21\pi a^2}{50}$	$\frac{16\pi a^2}{50}$	$\frac{9\pi a^2}{50}$	0	

따라서 심슨 1법칙을 적용하면

$$V = (\frac{1}{3})(\frac{a}{5})[8(\frac{9\pi a^2}{50}) + 4(\frac{16\pi a^2}{50}) + 8(\frac{21\pi a^2}{50})$$
$$+ 4(\frac{24\pi a^2}{50}) + 4(\frac{\pi a^2}{2})]$$
$$= \frac{2}{3}\pi a^3$$

답 : $\frac{2}{3}\pi a^3$

예제 2.6

어떤 배의 기선으로부터 상방향으로, 30 cm 간격에 있는 각 수선면에서의 TPC가 0, 0.413, 0.643, 0.798, 0.891, 0.940, 1.040 ton 이다. 이 배에서,흘수 1. 8 m때의 배수량을 구하라.

풀이

제1장의 식 (1.4.5)에서, $TPC[ton\ f/cm] = \frac{\rho g \times A_W}{100}$ 이므로,

$$수선면적\ A_W\,[m^2] = \frac{TPC}{\rho g}$$

계산된 각 TPC 별 A_W를 정리하면 다음 표와 같다. ($\rho = 1000kg/\ m^3$)

TPC	0	0.413	0.643	0.798	0.891	0.940	1.040
Aw	0	41.3	64.3	79.8	89.1	94.0	104
Si	1	4	2	4	2	4	1

심슨 제1법칙을 적용시키면,

$$h = 0.3\ m$$

$$V = \frac{h}{3}\sum S_i \times A_i$$

$$= \frac{0.3}{3}(1\times0+4\times41.3+2\times64.3+4\times79.8$$
$$+2\times89.1+4\times94.0+1\times104) = 127.1m^3$$

$$\therefore W = \rho g V = 127.1 \text{ ton}$$

답 : 127.1 ton

2.3 Bonjean 곡선

선체가 임의 경사(trim)로 떠 있을 때(정수中이나 波浪中) 그 순간의 배수량을 구할 수 있으면, 여러 가지 목적에 활용 될 수 있다. 이를 위해 Bonjean은 그림 2.14와 같은 Bonjean 곡선을 고안하였다. 즉 먼저 선체 정면선도를 이용하여 각 횡단면에서, 몇 개의 흘수에 대응하는 단면적을 계산해서 이를 側面圖上의 각 Station 위치에

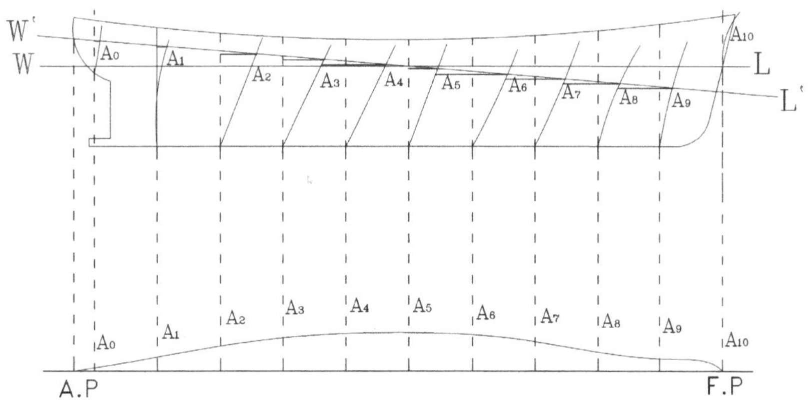

그림 2.14 Bonjean 곡선

적당한 축척의 수평길이로 표시하면 이것이 바로 Bonjean 곡선이다. 이제 선체가 WL(Even Keel)수선에서 $W'L'$로 Trim이 되었다면 이때의 배수용적은 각 Station에서 Bonjean 곡선의 수평길이를 모아 면적으로 만든 값이 된다.

2.4 배수량 등 곡선도(排水量等曲線圖)

배수량 등곡선도(hydrostatic curve)란 여러 흘수에 대하여 표 2.2과 같은 여러 가지 항목을 계산하고 이를 그래프로 표시한 것이다. 배의 운용시 이것을 사용하면 상당히 편리하다.

표 2.2 배수량 등곡선도의 주요 파라메터

C_B	방형계수 (block coefficient)
C_P	주상계수 (prismatic coefficient)
$C_{\otimes}\,(C_M)$	중앙 단면계수 (midship section coefficient)
C_W	수선면 계수 (waterplane coefficient)
C_{VP}	연직 주형계수 (vertical prismatic coefficient)
∇	배수용적 (moulded volume) : m^3
Δ	배수량 (displacement) : kg중
$LCB(\pm\boxtimes B)$, $VCB(KB)$	부심 (longitudinal center of buoyancy, vertical center of buoyancy)
$LCF(\pm\boxtimes F)$	부면심 (longitudinal center of flotation)
GM_T	횡 메타센터 높이 (transverse metercentric height)
GM_L	종 메타센터 높이 (longitudinal metercentric height)
MTC	cm당 트림 모멘트 (moment to change trim one cm)
TPC	cm당 배수 톤수 (ton per 1cm immersion)

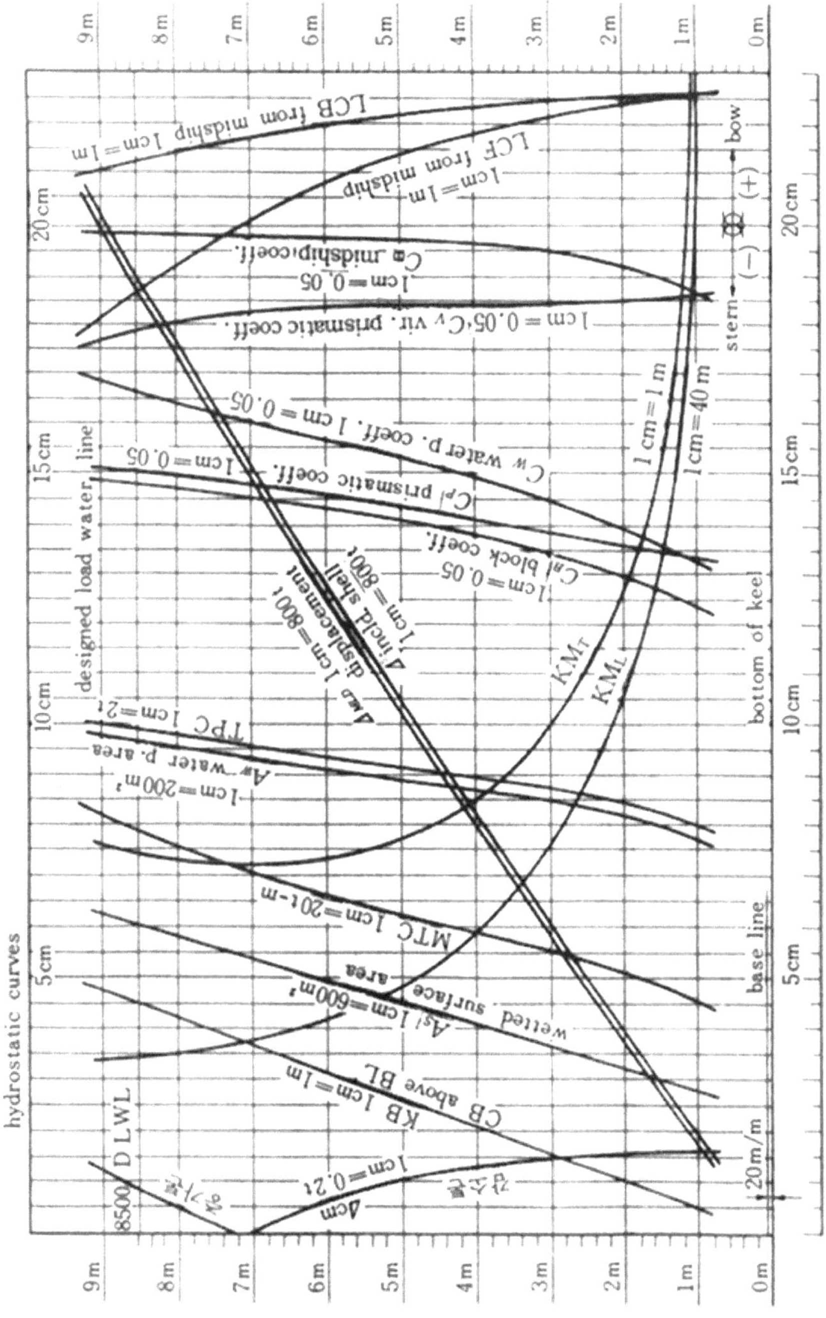
hydrostatic curves
LCB from midship 1cm=1m
LCF from midship 1cm=1m
$C_\otimes$ midship coeff. 1cm=0.05
1cm=0.05 C_V vir. prismatic coeff.
C_W water p. coeff. 1cm=0.05
C_P prismatic coeff. 1cm=0.05
C_B block coeff. 1cm=0.05
designed load water line
bottom of keel
base line
TPC 1cm=2t
A_W water p. area 1cm=200m²
MTC 1cm=20t-m
wetted surface area A_S 1cm=600m²
KB 1cm=1m
CB above BL
Δcm 1cm=0.2t
KMT
KML
1cm=1m
1cm=40m
stern
bow
D LWL
8500
20m/m

3

중심(重心), 부면심(浮面心), 부심(浮心)의 계산

3.1 1차 모멘트

어떤 물체나 도형의 도심(圖心(Centroid))을 구하기 위해서는 면적 또는 체적에 관한 1차 모멘트가 필요하게 된다. 그림 3.1과 같이 임의형상의 도형 A의 面素 dA 의 中心좌표를 (x, y) 라 하고 전체 A 의 圖心을 (x_c, y_c) 라 하면

$$x_c \cdot A = Q_y = \int_A x \, dA \tag{3.1.1}$$

$$y_c \cdot A = Q_x = \int_A y \, dA \tag{3.1.2}$$

여기서 Q_x 는 x 축에 대한 A 의 1차 모멘트, Q_y 는 y 축에 대한 A 의 1차 모멘트이다. 이 A 가 밀도가 일정한 물체로, 두께가 일정하다면 도심 C 는 바로 A 의 重心(C.G., Center of Gravity)이 된다.

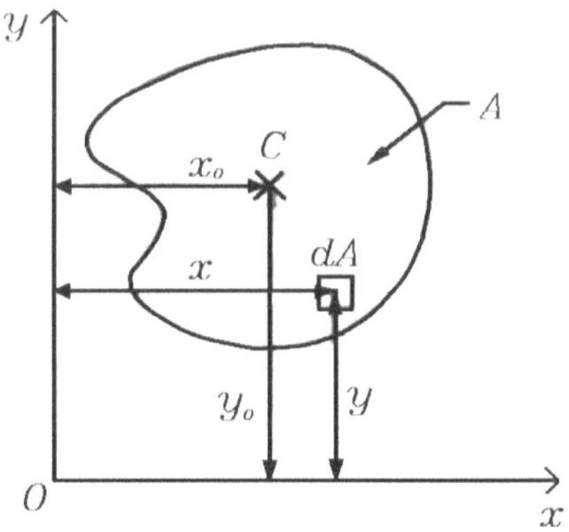

그림 3.1 1차모멘트

예제 3.1

다음 그림과 같은 반원의 圖心을 구하라.

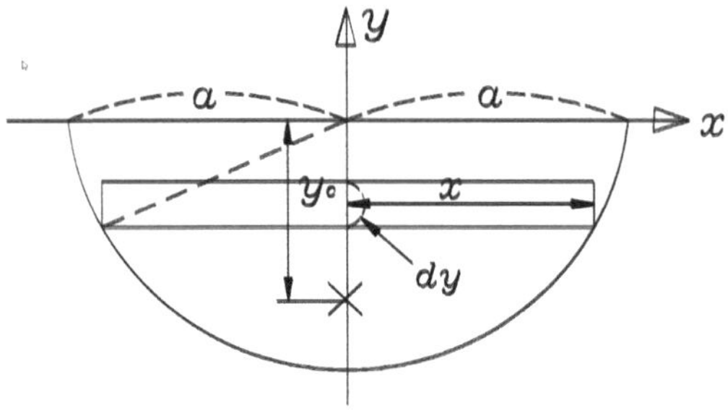

풀이

반원의 면적= $\frac{1}{2}\pi a^2$

중심 O에서 도심까지의 거리를 y_c라 하면

$$y_c \times \frac{1}{2}\pi a^2 = Q_x$$

$$Q_x = \int_0^a y\,dA = \int_0^a y \times \left(2\sqrt{a^2 - y^2} \cdot dy\right)$$

여기서, $y = a\sin\theta$라 두면

$$Q_x = \int_0^{\frac{\pi}{2}} a\sin\theta \cdot 2a\cos\theta \cdot a\cos\theta\,d\theta$$

$$= 2a^3 \int_0^{\frac{\pi}{2}} \sin\theta\cos^2\theta\,d\theta = 2a^3 \int_0^{\frac{\pi}{2}} (\sin\theta - \sin^3\theta)\,d\theta$$

여기서,

$$\int_0^{\frac{\pi}{2}} \sin\theta = [-\cos\theta]_0^{\frac{\pi}{2}} = [0+1] = 1$$

$$\int_0^{\frac{\pi}{2}} \sin^3\theta = \frac{3}{4}\int_{\frac{\pi}{2}}^{0} \sin\theta\, d\theta - \frac{1}{4}\int_{\frac{\pi}{2}}^{0} \sin 3\theta\, d\theta$$

$$= \frac{3}{4} \times 1 - \frac{1}{4} \cdot \frac{1}{3}[-\cos 3\theta]_0^{\frac{\pi}{2}}$$

$$= \frac{3}{4} - \frac{1}{12} = \frac{2}{3}$$

$$\therefore\ Q_x = 2a^3\left(1 - \frac{2}{3}\right) = \frac{2a^3}{3}$$

$$\therefore\ y_c = \frac{Q_x}{\frac{1}{2}\pi a^2} = \frac{2\pi a^3}{\frac{1}{2}\pi a^2} = \frac{4a}{3\pi}$$

답 : $y_c = \dfrac{4a}{3\pi}$

예제 3.2

다음 그림과 같은 부채꼴의 도심을 구하라.

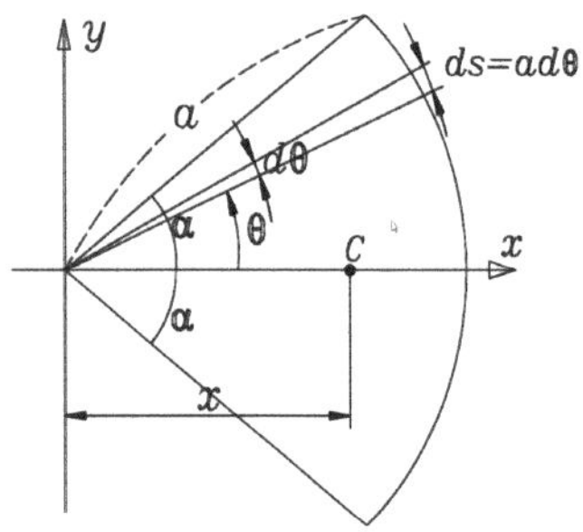

풀이

$$Q_y = \int_{-\alpha}^{\alpha} \left(\frac{2}{3}a\cos\theta\right) \times dS \times \frac{1}{2}a$$

$$= \frac{1}{3}a^3 \int_{-\alpha}^{\alpha} \cos\theta \, d\theta$$

$$= \frac{a^3}{3}\left[\sin\theta\right]_{-\alpha}^{\alpha}$$

$$= \frac{2a^3}{3} sin\alpha$$

한편, 부채꼴의 면적 A는

$$A = \pi a^2 \times \frac{2\alpha}{2\pi} = a^2\alpha$$

$$\therefore\ x_c = \frac{Q_y}{A} = \frac{\frac{2a^3}{3}\sin\alpha}{a^2\alpha} = \frac{2a\sin\alpha}{3\alpha}$$

또는, $2\alpha = \theta_0$라 두면 $x_c = \dfrac{4a\sin\dfrac{\theta_0}{2}}{3\theta_0}$

답 : $x_c = \dfrac{2a\ sin\alpha}{3\alpha}$

예제 3.3

다음 그림과 같은 Ring의 일부분의 도심을 구하라.

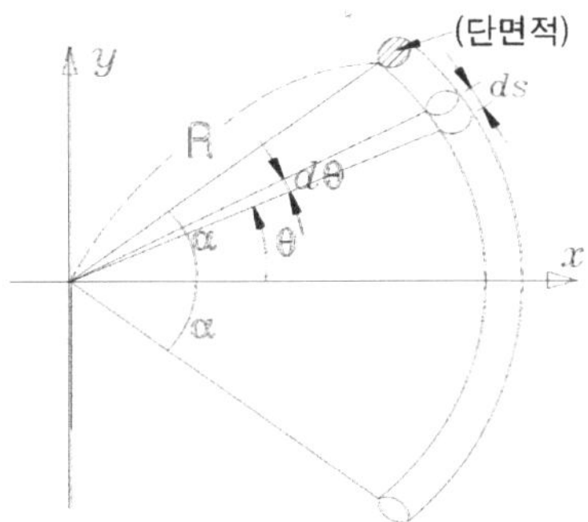

풀이

Ring의 요소 dS의 체적 dV는

$$dV = dS \times A = A \cdot R\,d\theta$$

dV의 y축에 대한 1차 모멘트는

$$dQ_y = R\cos\theta\,dV = AR^2\cos\theta\,d\theta$$

$$Q_y = \int_{-\alpha}^{\alpha} AR^2 \cos\theta \, d\theta = AR^2 [\sin\theta]_{-\alpha}^{\alpha} = AR^2 \cdot 2\sin\alpha$$

한편, Ring 일부분의 체적 V는

$$V = 2\pi R \times A \times \frac{2\alpha}{2\pi} = 2RA\alpha$$

$$\therefore \ x_c = \frac{Q_y}{V} = \frac{AR^2 \cdot 2\sin\alpha}{2RA\alpha} = \frac{R\sin\alpha}{\alpha}$$

답 : $x_c = \dfrac{Rsin\alpha}{\alpha}$

예제 3.4

다음 그림과 같은 사다리꼴의 도심을 구하라.

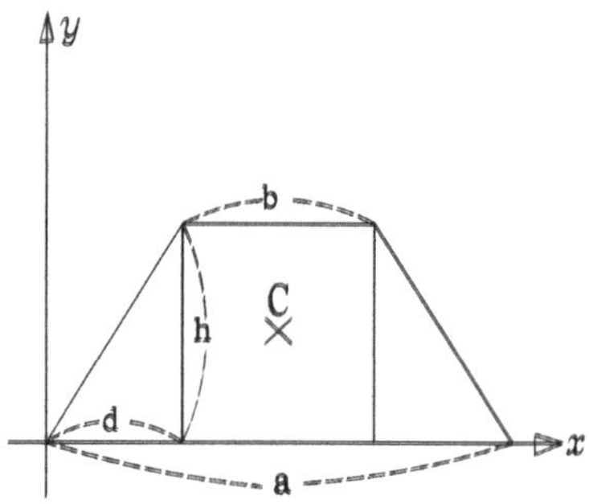

풀이

도심 $C(x_c, y_c)$에서 y_c를 구해보자.

$$Q_x = \frac{1}{2}dh \times \frac{1}{3}h + bh \times \frac{h}{2} + \frac{1}{2}(a-b-d)h \times \frac{1}{3}h$$

$$\therefore\ Q_x = \frac{ah^2}{6} + \frac{bh^2}{3} = \frac{h^2(a+2b)}{6}$$

한편, 면적 $A = \dfrac{h(a+b)}{2}$ 이므로

$$y_c = \frac{Q_x}{A} = \frac{\dfrac{h^2(a+2b)}{6}}{\dfrac{h(a+b)}{2}} = \frac{h(a+2b)}{3(a+b)}$$

답 : $y_c = \dfrac{h(a+2b)}{3(a+b)}$

예제 3.5

다음 그림과 같은 포물선 모양 도형의 도심을 구하라.

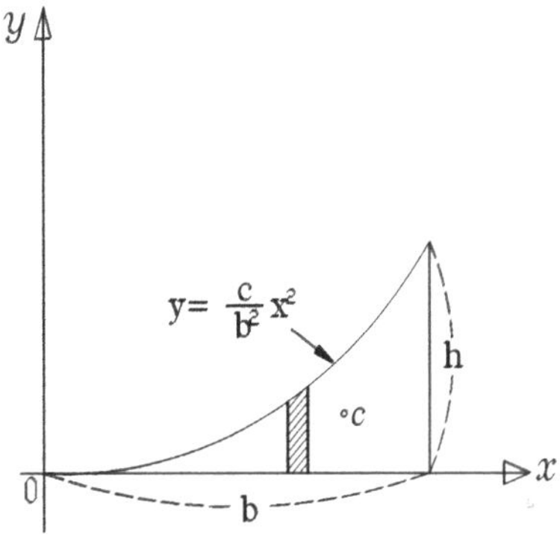

풀이

$C(x_c, y_c)$

$$Q_x = \int_0^b y \cdot dx \times \frac{1}{2}y = \frac{1}{2}\int_0^b \left(\frac{h}{b^2}x^2\right)^2 dx = \frac{h^2}{2b^4} \cdot \frac{1}{5}\left[x^5\right]_0^b$$

$$= \frac{bh^2}{10}$$

한편, 면적

$$A = \int_0^b y\, dx = \int_0^b \frac{h}{b^2}x^2\, dx$$

$$= \frac{h}{b^2} \cdot \frac{b^3}{3} = \frac{bh}{3}$$

$$\therefore\ y_c = \frac{Q_x}{A} = \frac{\frac{bh^2}{10}}{\frac{bh}{3}} = \frac{3h}{10}$$

또,

$$Q_y = \int_0^b y\, dx \times x = \frac{h}{b^2}\int_0^b x^3\, dx = \frac{h}{4b^2} \cdot b^4 = \frac{b^2h}{4}$$

$$\therefore\ x_c = \frac{Q_x}{A} = \frac{\frac{b^2h}{4}}{\frac{bh}{3}} = \frac{3b}{4}$$

답 : $x_c = \frac{3b}{4}, y_c = \frac{3h}{10}$

3.2 2차 모멘트

그림 3.2와 같이 면적 A의 요소 dA의 x, y축으로 부터의 거리를 x, y라 할 때

$$I_{xx} = \int_A y^2 \, dA \tag{3.2.1}$$

$$I_{yy} = \int_A x^2 \, dA \tag{3.2.2}$$

이 I_{xx}, I_{yy}를 각각 x, y축에 대한 A의 면적 2차 모멘트(2nd Moment of Area)라 한다. 이 A의 질량을 생각하면 면적에 밀도를 곱하면 되므로(균질체, 동일 두께) I_{xx}, I_{yy}에 ρ를 곱하면 이를 물체의 관성모멘트(Moment of Inertia)라 한다.

2차 모멘트는 선박의 안정성 판별이나 선체 중심단면의 종강도 문제에 중요한 역할을 한다.

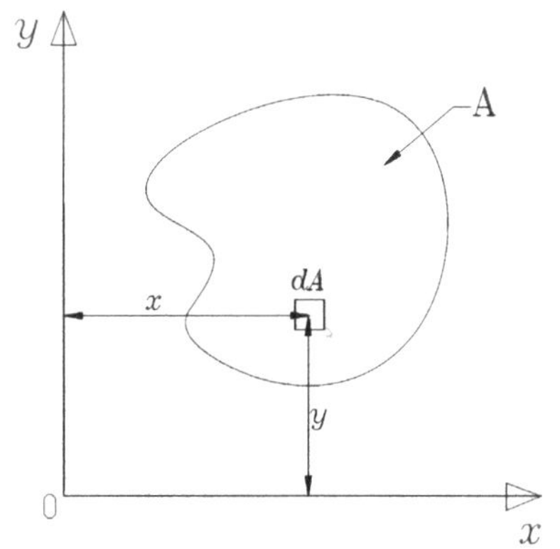

그림 3.2 2차 moment

3.2.1 평행축 이동 정리(Parallel axis theorem, Steiner 정리)

G를 도심이라 하고 A의 $O-O$축에 관한 2차 모멘트는

$$I_{oo} = \int_A x^2\, dA \tag{3.2.3}$$

한편,

$$x = \bar{x} + X \tag{3.2.4}$$

따라서,

$$\begin{aligned} I_{oo} &= \int_A (\bar{x} + X)^2\, dA \\ &= \int_A X^2\, dA + 2\bar{x}\int_A X\, dA + \bar{x}^2 \int_A dA \end{aligned} \tag{3.2.5}$$

여기서, $\int_A X\, dA = 0$ 이다 (왜냐하면 X는 도심 G로부터 요소 dA의 거리이므로 전체 A에 대한 적분 값은 0이 된다).

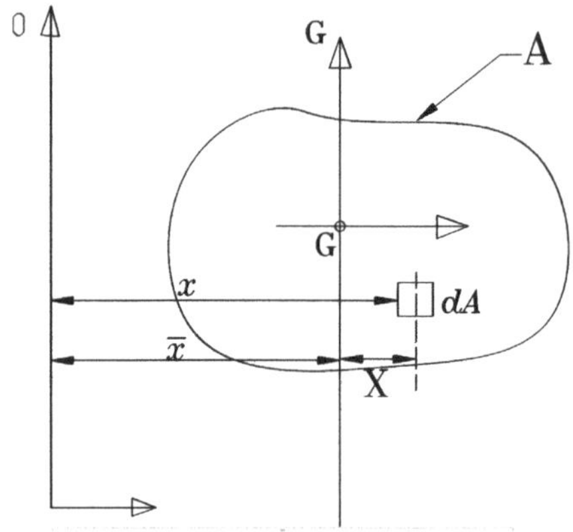

그림 3.3 평행축 이동정리

따라서

$$I_{OO} = I_{GG} + \bar{x}^2 \cdot A \tag{3.2.6}$$

즉 임의축 $O-O$에 대한 A의 2차 모멘트는 A의 도심을 지나는 축 $G-G$에 대한 2차 모멘트에 G축에서 O축 사이의 거리 $\bar{x}$의 제곱에 A를 곱한 값을 더한 것과 같다. 즉 어떤 도형의 도심축에 대한 2차 모멘트를 알고 있으면 임의 축에 대한 2차 모멘트를 쉽게 구할 수 있다. 이를 평행축 이동 정리라고 한다.

예제 3.6

반경 a인 원의 I_{xx}, I_{yy}를 구하라.

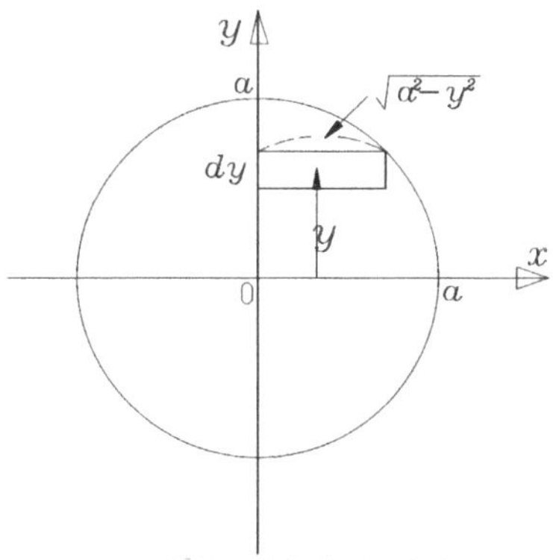

풀이

$$I_{xx} = \int_0^a y^2 \cdot \sqrt{a^2 - y^2}\, dy$$

$y = a\sin\theta$라 두면

$$\frac{1}{4} I_{xx} = \int_0^{\frac{\pi}{2}} a^2 \sin^2\theta \cdot a\cos\theta \cdot a\cos\theta\, d\theta$$

$$= a^4 \int_0^{\frac{\pi}{2}} \sin^2\theta \cos^2\theta \, d\theta \quad = a^4 \int_0^{\frac{\pi}{2}} \frac{1}{4} sin^2 2\theta \, d\theta$$

$$= \frac{a^4}{4} \int_0^{\frac{\pi}{2}} \left(\frac{1 - \cos 4\theta}{2} \right) d\theta$$

$$= \frac{a^4}{4} \cdot \frac{1}{2} [\theta]_0^{\frac{\pi}{2}} - \frac{a^4}{4} \cdot \frac{1}{2} \cdot \frac{1}{4} [\sin 4\theta]_0^{\frac{\pi}{2}} \quad = \frac{\pi}{16} a^4$$

$$\therefore I_{xx} = \frac{\pi}{4} a^4, \; I_{yy} = I_{xx}$$

답 : $I_{xx} = I_{yy} = \frac{\pi}{4} a^4$

예제 3.7

직사각형 단면의 I_{xx}, I_{yy}를 구하라.

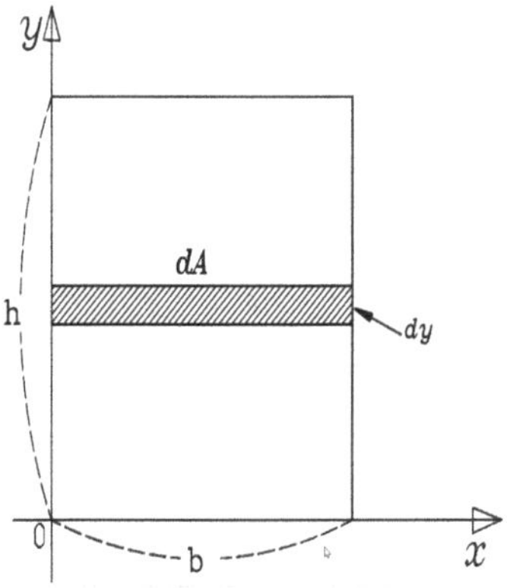

풀이

$$I_{xx} = \int_A y^2\,dA = \int_0^h y^2 b\,dy = \frac{b}{3}[y^3]_0^h = \frac{bh^3}{3}$$

같은 방법으로

$$I_{yy} = \frac{hb^3}{3}$$

한편, 도심 G를 지나는 x, y축에 대한 2차 모멘트 $I_{G,xx}$, $I_{G,yy}$ 는

$$I_{xx} = \frac{bh^3}{3} = I_{G,xx} + \left(\frac{h}{2}\right)^2 \times bh$$

$$\therefore\ I_{G,xx} = \frac{bh^3}{3} - \frac{bh^3}{4} = \frac{bh^3}{12}$$

동일하게 $I_{G,yy} = \dfrac{hb^3}{12}$

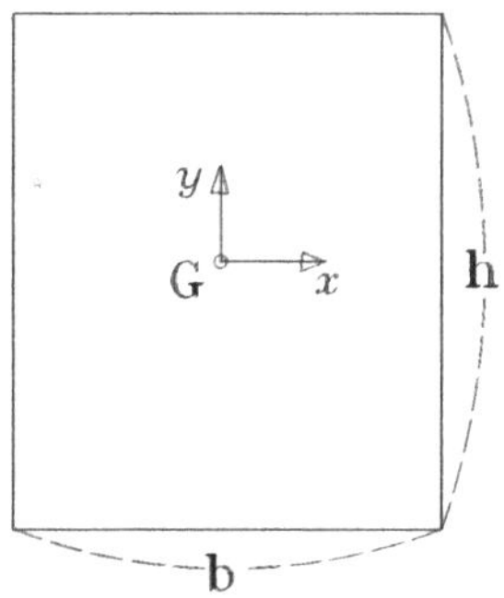

답 : $I_{xx} = \dfrac{bh^3}{3}$, $I_{yy} = \dfrac{b^3h}{3}$

예제 3.8

직각 삼각형의 I_{xx}, I_{yy}를 구하라.

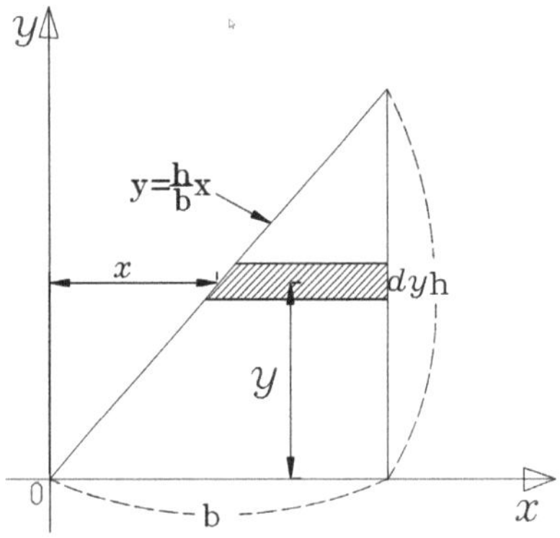

풀 이

$$I_{xx} = \int_A y^2\,dA = \int_0^h y^2 \cdot (b - x)\,dy = \int_0^h y^2\left(b - \frac{b}{h}y\right)dy$$

$$= b\int_0^h y^2\,dy - \frac{b}{h}\int_0^h y^3\,dy = \frac{bh^3}{3} - \frac{b}{h}\cdot\frac{h^4}{4} = \frac{bh^3}{12}$$

도심을 지나는 x축에 대한 $I_{G,xx}$는

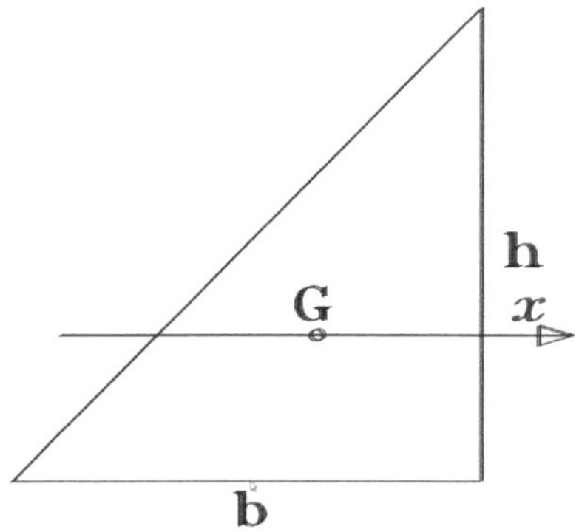

$$I_{xx} = \frac{bh^3}{12}$$

$$= I_{G,xx} + \left(\frac{h}{3}\right)^2 \times \frac{bh}{2}$$

$$\therefore \; I_{G,xx} = \frac{bh^3}{12} - \frac{bh^3}{18} = \frac{bh^3}{36}$$

한편, $I_{yy} = \dfrac{hb^3}{4}$

답 : $I_{xx} = \dfrac{bh^3}{12}, I_{yy} = \dfrac{b^3h}{4}$

예제 3.9

일반 삼각형의 I_{xx}, I_{yy} 구하기

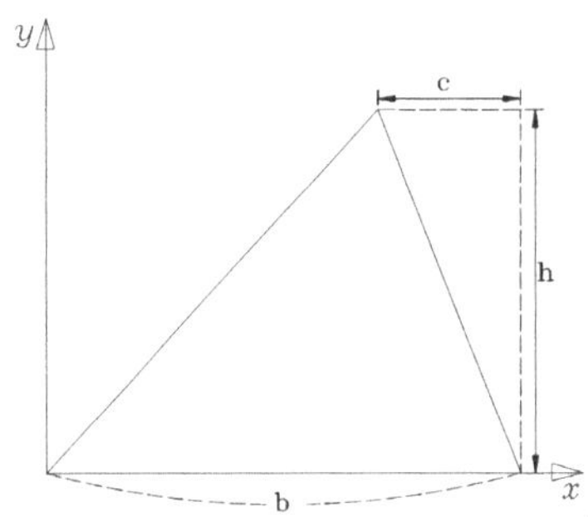

풀 이

삼각형을 두 직각삼각형으로 나누어 생각한다.

그림에서,

$$I_{xx}^1 = \frac{(b-c)h^3}{12}, \qquad I_{yy}^1 = \frac{(b-c)^3h}{4}$$

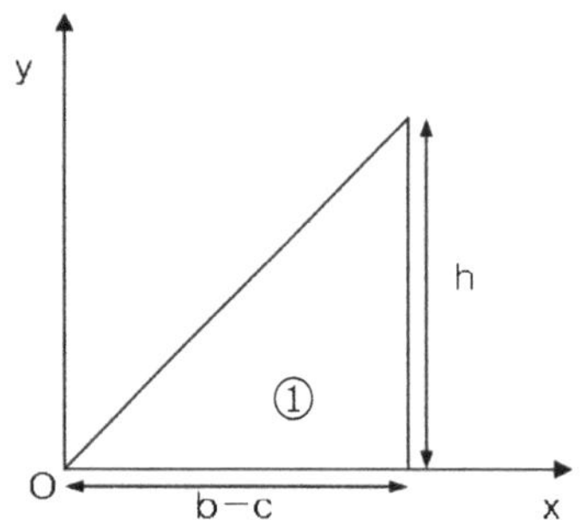

그림에서,

$$I^2_{O'xx} = \frac{ch^3}{12}, \qquad I^2_{O'yy} = \frac{c^3h}{4}$$

평행축 이동 정리에 의해,

$$I^2_{xx} = I^2_{O'xx}, \qquad I^2_{yy} = I^2_{O'yy} + b^2\frac{ch}{2}$$

$$I^2_{xx} = \frac{ch^3}{12}, \qquad I^2_{yy} = \frac{c^3h + 2b^2ch}{4}$$

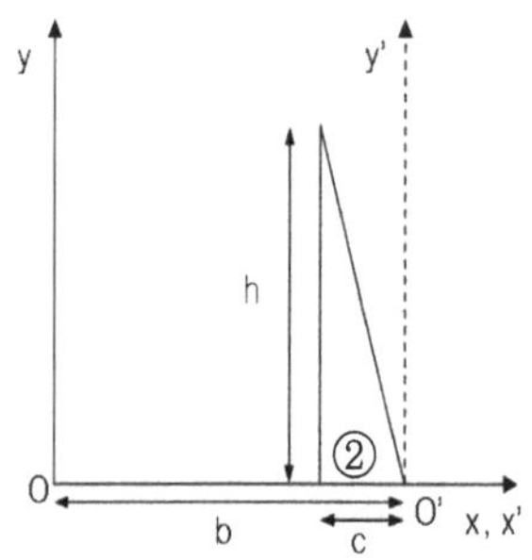

그러므로,

$$I_{xx} = I^1_{xx} + I^2_{xx} = \frac{(b-c)h^3}{12} + \frac{ch^3}{12} = \frac{bh^3}{12}$$

$$I_{yy} = I_{yy}^1 + I_{yy}^2 = \frac{(b-c)^3 h}{4} + \frac{c^3 h + 2b^2 ch}{4} = \frac{bh}{12}(3b^2 - 3bc + c^2)$$

답 : $I_{xx} = \frac{bh^3}{12},\ I_{yy} = \frac{bh}{12}(3b^2 - 3bc + c^2)$

예제 3.10

다음과 같은 수선면에서 계수 i를 구하라 (단, $i = \frac{I_{xx}}{LB^3}$)

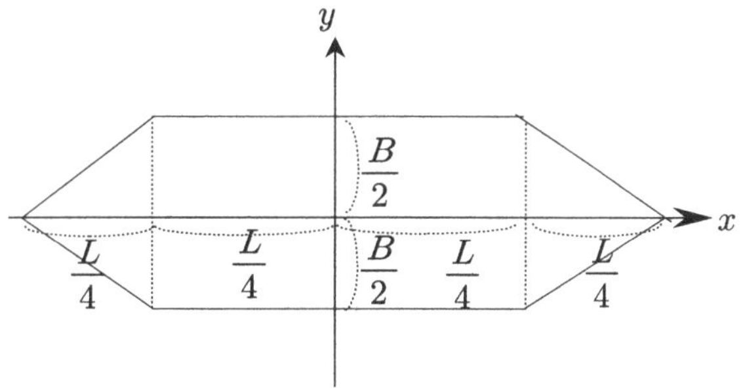

풀 이

우선 먼저 I_{xx}를 구하자.

$$I_{xx} = [(2)(\frac{1}{12})(\frac{L}{4})(\frac{B}{2})^3] + \frac{1}{12}(\frac{L}{2})B^3 + [(2)(\frac{1}{12})(\frac{L}{4})(\frac{B}{2})^3] = \frac{5LB^3}{96}$$

$$\therefore i = \frac{\frac{5}{96}LB^3}{LB^3} = \frac{5}{96}$$

답 : $\frac{5}{96}$

3.2.2 극(極)관성 모멘트(Polar Moment of Inertia)

$$J = \int_A r^2 \, dA \tag{3.2.7}$$

을 A의 극관성 모멘트라 한다.

이 때, $r^2 = x^2 + y^2$이므로

$$J = \int_A x^2 \, dA + \int_A y^2 \, dA$$

$$= I_{yy} + I_{xx} \tag{3.2.8}$$

단, 위 식은 2차원인 단면이나 두께가 얇은 3차원 판에만 적용이 가능하다.

즉, A의 x축에 대한 2차 모멘트와 A의 y축에 대한 2차 모멘트를 합한 것이 극관성 모멘트가 된다.

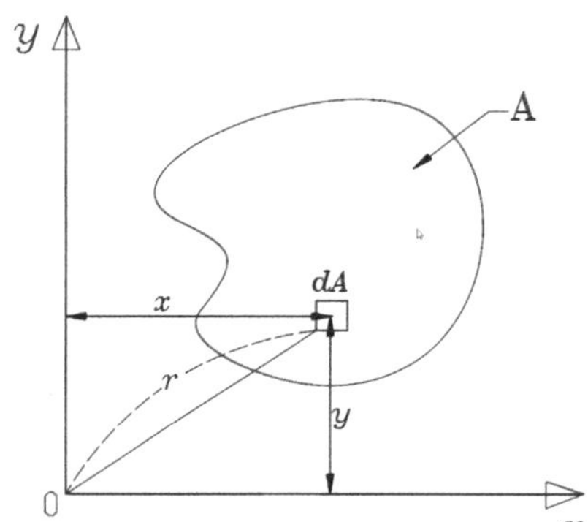

그림3.4 극관성 moment

예제 3.11

원의 극관성 모멘트를 구하라.

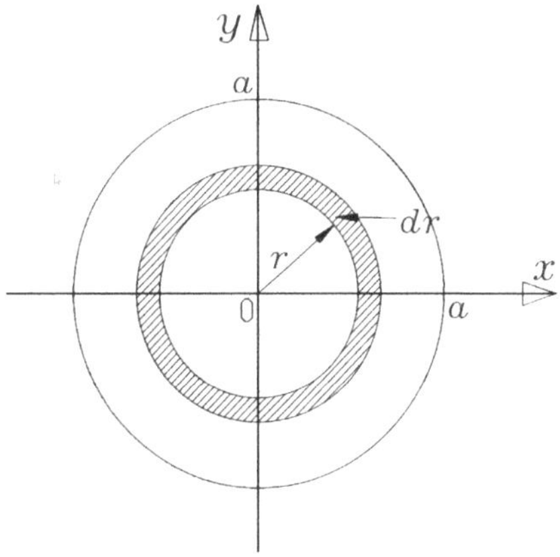

풀 이

빗금 친 요소의 면적을 dA라 하면

$$dA = 2\pi r \cdot dr$$

$$\therefore\ J = \int_A r^2\, dA$$

$$= \int_o^a r^2 \cdot 2\pi r\, dr$$

$$= 2\pi \cdot \frac{1}{4}[r^4]_0^a = \frac{\pi r^4}{2}$$

$$\therefore\ J = \frac{\pi r^4}{2}$$

답 : $J = \dfrac{\pi r^4}{2}$

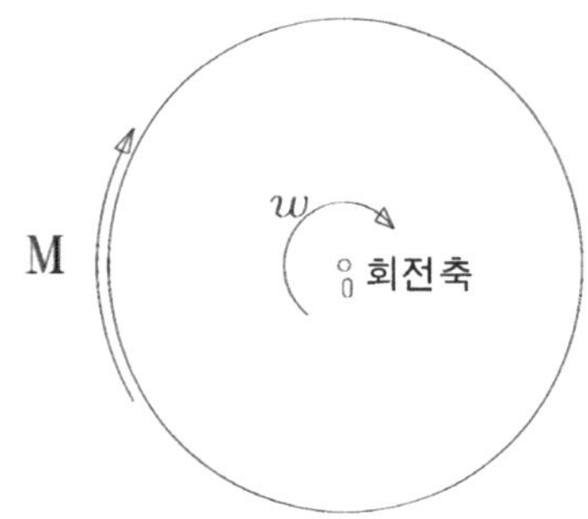

그림 3.5 회전 moment

여기서, 원의 경우 $I_{xx} = I_{yy}$ 이므로

$$J = 2I_{xx} = \frac{\pi r^4}{2}$$

$$I_{xx} = \frac{\pi r^4}{4}$$

와 같이 하여 I_{xx} 를 구할 수도 있다.

이 극관성 모멘트는 물체가 어떤 축을 중심으로 회전운동을 할 때 작용하는 外力을 구할 때 사용된다. 즉, 그림 3.5와 같이 외부로부터 회전모멘트 M이 작용하여 이 물체가 O축 둘레를 각가속도 $\dot{\omega}$로 회전한다면

$$M = J_o \times \dot{\omega} \tag{3.2.9}$$

3.2.3 면적 2차모멘트와 질량관성모멘트

앞서, 원의 2차 모멘트 I_{xx}와 I_{yy} 및 극관성모멘트 I_{zz} 를 구하였다.

$$I_{zz} = I_p = \frac{\pi}{2} r^4$$

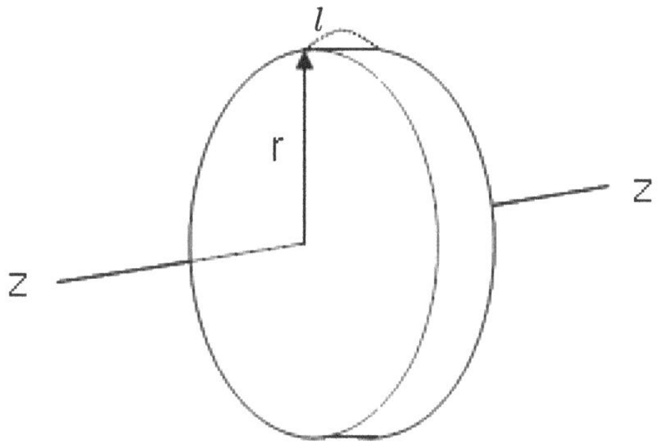

그림 3.6

이번에는, 그림 3.6과 같이 반경 r, 두께 l 인 원판이 z 축에 대해 회전하는 경우, 회전축에 대한 질량관성모멘트(mass moment of Inertia)를 구해 보자.

$$I_{zz} = \rho \cdot \frac{\pi r^4}{2} \times l \tag{3.2.10}$$

이 식에서 보듯이, 원단면에 대한 2차 면적 모멘트가 사용되고 있다. 여기서 원판의 질량

$$m = \rho \cdot \pi r^2 \cdot l$$

이므로 식 (3.2.10)을 다시 쓰면

$$I_{zz} = m \cdot \frac{r^2}{2} = mk_{zz}^2 \tag{3.2.11}$$

식 (3.2.11)에서 $k_{zz} = \dfrac{r}{\sqrt{2}} \cong 0.707r$ 로 k_{zz}를 z축에 대한 원판의 관성반경 (Radius of gyration)이라 한다.

이 관성 반경의 물리적 의미는, z축 주위를 회전하는 물체에 있어, 그 질량이 전체적으로, z축으로부터 k_{zz} 되는 곳에 집중되어 있다고 생각되는 거리이다.

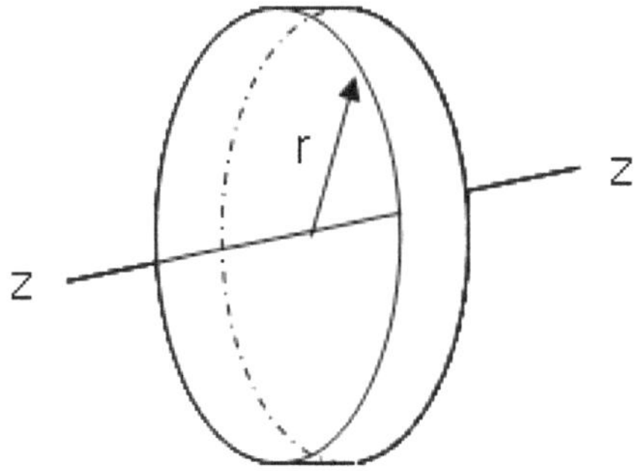

그림 3.7

쉬운 예로, 그림 3.7과 같은 링 모양의 물체는 $k_{zz} = r$ 임을 쉽게 짐작할 수 있다. 따라서, 속이 빈 Ring의 경우

$$I_{zz} = m \cdot k_{zz} = mr^2 \tag{3.2.12}$$

이와 같이, z축으로부터, 질량이 어떻게 분포되 있는가에 따라 I_{zz}값이 달라진다. 즉 그림3.8과 같이 사각형 단면의 Beam을 생각하면, 양 옆의 부분을 도려내 I 자형 Beam으로 만들면 동일한 단면적이라도 훨씬 큰 I_{zz}를 갖게 되고, 이 I 형 Beam은 더욱 큰 Bending Moment 에 견딜 수 있게 된다.

$$(\sigma = \frac{M \cdot C}{I_{zz}})$$

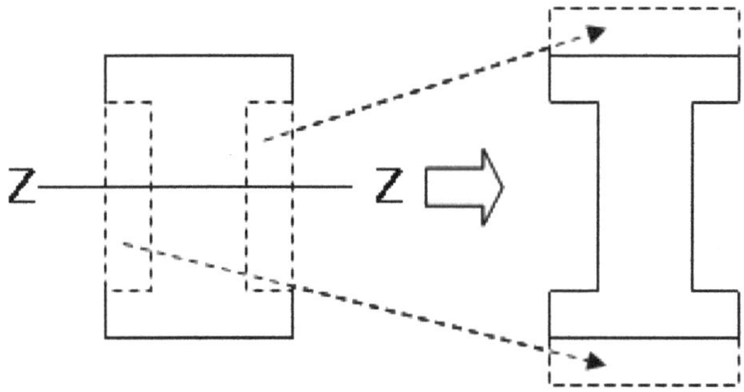

그림 3.8

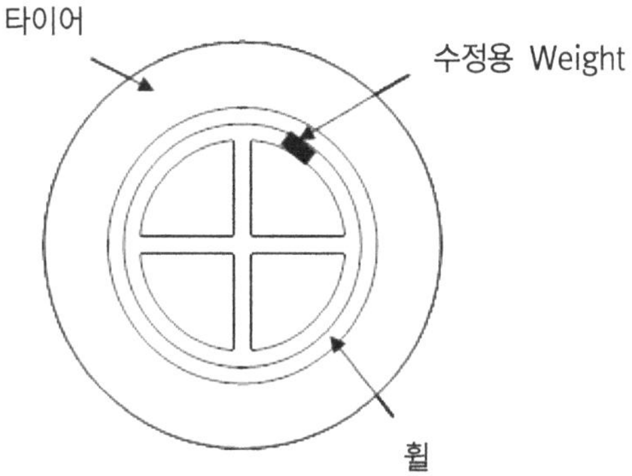

그림 3.9

동일한 이유로, 철봉은 속이 꽉차게 만들지 않고, 중립축으로부터 질량이 가능한 한 멀리 분포되도록 속이 빈 모양으로 만들어지게 된다.

일반적으로, 회전 물체는 회전축으로부터의 질량 분포가 균일할 수록 회전하기가 쉽고, 불균일 질량분포가 있는 경우, 회전축에 불균일한 모멘트가 발생하여 축에 진동이 발생하고 무리를 주게 된다.

일상에서의 예로, 자동차 바퀴는 회전축에 대하여, 질량분포가 균일할수록 축이 원활하게 잘 회전하므로, 특정장비를 이용, 바퀴를 회전시켜서 불균일 모멘트를 측정하고, 축에 무리한 힘이 발생하지 않도록 그림 3.9와 같이 수정용 Weight를 부착하도록 하는 장비가 있다(휠 발란서).

예제 3.12

그림과 같은 원통형 물체의 x축에 관한 질량관성모멘트를 구하라.

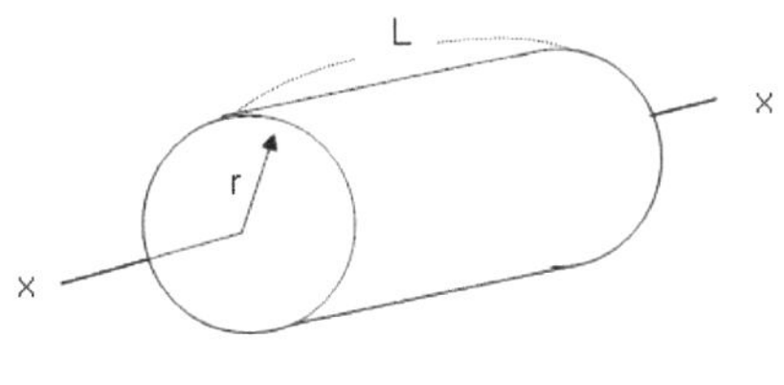

풀 이

우선 물체의 질량 m은

$$m = \rho \cdot \pi r^2 \cdot L$$

$$I_{xx} = \rho \frac{\pi r^4}{2} \cdot l = \rho \cdot \pi r^2 \cdot \frac{r^2}{2} = \frac{1}{2} m r^2$$

예제 3.13

그림과 같은 원통의 반쪽에 대한 I_{xx} 를 구하라.

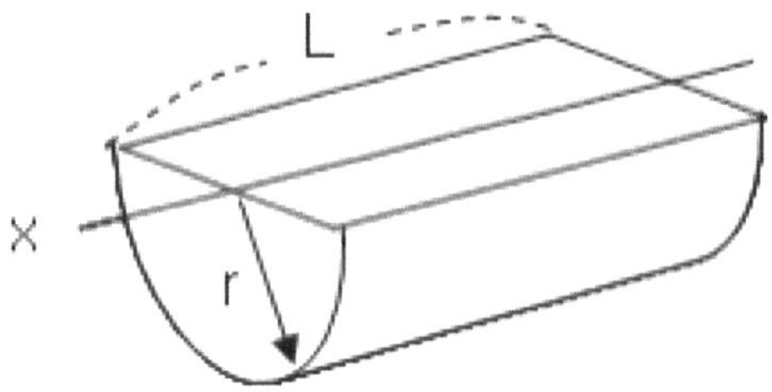

풀 이

이 경우도 우선 물체의 질량을 구하면,

$m = \frac{1}{2} \cdot \rho \cdot \pi r^2 \cdot L$ 이다.

한편

$$I_{xx} = \rho \cdot \left(\frac{1}{2} \times \frac{\pi r^4}{2}\right) \cdot L$$

$$= \frac{1}{2}\rho \cdot \pi r^2 \cdot L \cdot \frac{r^2}{2}$$

$$= \frac{1}{2}mr^2$$

이 되어, 앞서의 원통과 관성모멘트식이 같다. 이는 앞절에서 보았듯이, 면적 2차모멘트의 경우, 반원의 2차 모멘트가 원의 2차 모멘트 값의 $\frac{1}{2}$인 것과는 다른 것에 주의 할 필요가 있다.

예제 3.14

구의 극관성 모멘트 구하기

그림과 같이 반경 r인 구가 한축에 대해 회전할 때 회전 관성모멘트 I_p를 구해 보자.

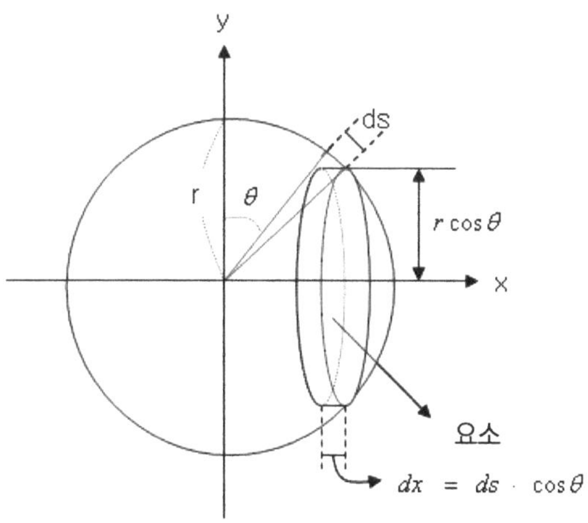

풀 이

이 요소의 $dI_p = \rho\frac{\pi(rcos\theta)^4}{2}$

이 요소의 두께 $= ds \cdot \cos\theta$

$$\therefore I_p = 2\int_0^{\frac{\pi}{2}}\rho\frac{\pi(rcos\theta)^4}{2} \cdot r \cdot \cos\theta \cdot d\theta$$

$$= \rho\pi \cdot r^5\int_0^{\frac{\pi}{2}}\cos^5\theta d\theta$$

$$= \rho\pi r^5\int_0^{\frac{\pi}{2}}(\frac{5}{8}cos\theta + \frac{5}{16}cos3\theta + \frac{1}{16}cos5\theta)d\theta$$

$$= \rho\pi r^5[\frac{5}{8}(1-0) + \frac{5}{16} \cdot \frac{1}{3}(-1-0) + \frac{1}{16} \cdot \frac{1}{5}(1-0)]$$

$$= \rho\pi r^5[\frac{5}{8} - \frac{5}{16\times 3} + \frac{1}{16\times 5}]$$

$$= \rho\pi r^5 \times \frac{128}{240} = \rho\frac{4}{3}\pi r^3 \times \frac{128}{240} \times \frac{3}{4}r^2$$

$$= m \cdot \frac{2}{5}r^2 = \frac{2}{5}mr^2$$

예제 3.15

그림과 같은 물체의 x축에 대한 질량관성모멘트 I_{xx}를 구하라. 단, 물체의 질량은 m, 물체의 밀도를 ρ, 길이를 L이라 하라.

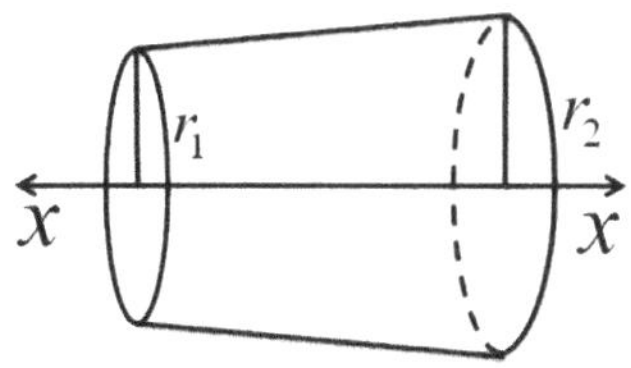

풀이

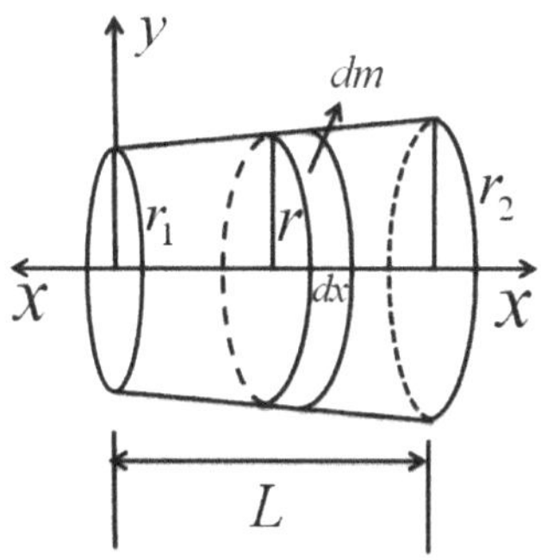

요소 dm은,

$$dm = \rho \cdot \pi r^2 \cdot dx$$

$$\therefore \; m = \int_0^L \rho \pi r^2 dx$$

여기서 $r = r_1 + \dfrac{r_2 - r_1}{L} x$로 표시되므로

$$m = \int_0^L \rho \pi \left(r_1 + \frac{r_2 - r_1}{L} x\right)^2 dx = \rho \pi \cdot \frac{1}{3} \frac{L}{r_2 - r_1} [r_2^3 - r_1^3]$$

요소 dm의 x축에 대한 관성모멘트 dI_{xx}는

$$dI_{xx} = \rho \frac{\pi r^4}{2} \cdot dx$$

$$\therefore I_{xx} = \int_0^L \rho \frac{\pi}{2}(r_1 + \frac{r_2 - r_1}{L}x)^4 dx = \rho \cdot \frac{\pi}{2} \cdot \frac{1}{5} \cdot \frac{L}{r_2 - r_1} \cdot [r_2^5 - r_1^5]$$

이 식을 질량 m을 사용하여 다시 쓰면,

$$I_{xx} = \frac{\rho\pi}{10} \cdot \frac{3L}{r_2 - r_1} \cdot \frac{r_2^3 - r_1^3}{3} \cdot \frac{r_2^5 - r_1^5}{r_2^3 - r_1^3} = \frac{3}{10} m \frac{r_2^5 - r_1^5}{r_2^3 - r_1^3}$$

3.3 부면심(浮面心), 부심(浮心), 중심(重心)

3.3.1 부면심(浮面心, C.F., Center of Floatation)

선박이 종(횡)경사할 경우 수선면의 中心위치가 변하게 되고 이는 복원성 계산에서 중요한 사항이다.

어떤 물체의 수선면의 中心을 浮面心(Center of Floatation)이라 한다.

예제 3.16

그림과 같은 Boxbarge가 있다.($l = 100\ m,\ B = 20\ m,\ d = 5\ m$)

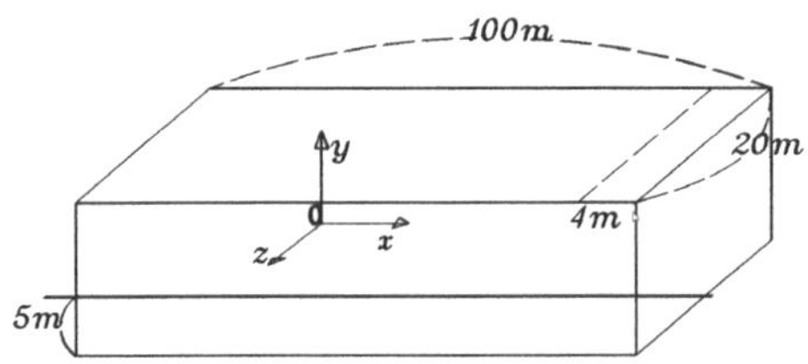

선수 끝에서 길이 $4\,m$인 곳에 횡격벽이 있고 여기에 침수가 되어 배가 종경사될 때 부면심 ⊗F를 구하라.

풀 이

y축에 대한 수선면의 1차 모멘트를 구하면

$$-50 \times 20 \times 25 + 46 \times 20 \times 23$$
$$= (50 + 46) \times 20 \times ⊗F$$

∴ ⊗F = $-2.0\ m$

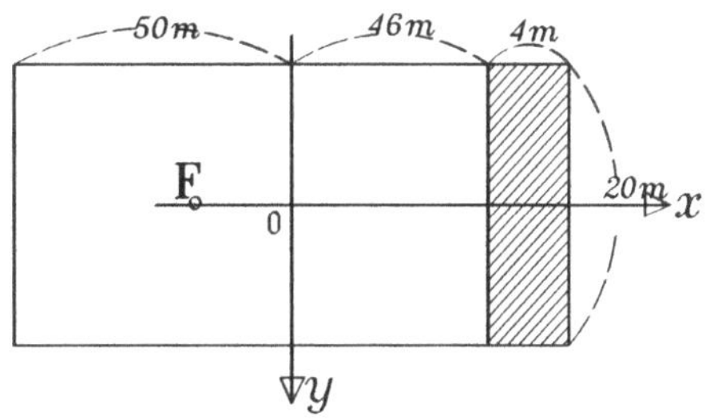

답 : ⊗F = $-2.0\ m$

부면심 위치는 선체가 중심 종단면에 대해 좌우 대칭이므로, x 방향의 위치만을 구하게 된다. 즉 선체중앙(⊗) 으로부터 F가 앞에 있을 때 ⊗F는 +값으로 하고, F가 선체중앙보다 뒤쪽에 있을 때 ⊗F는 − 값이 된다. 선체가 경사하면 수선면 형태가 바뀌고 따라서 부면심도 바뀌게 된다.

그림 3.10과 같이 선박이 ϕ만큼 횡경사하면 새로운 수선 $W'L'$에 대응하는 수선면이 비대칭적으로 생기게 된다. 이 때 원래 수선 WL과 $W'L'$이 교차하는 점을 F라고 하고 수선면 上에서 이에 대응하는 축을 $f\,f\,'$라 하면,

ϕ 경사에 따라 물 밖으로 나온 체적(V_e)은

$$V_e = \int_L \frac{1}{2} y_e \cdot dx \times (y_e \times \phi)$$

$$= \frac{1}{2} \phi \int {y_e}^2 \, dx \tag{3.3.1}$$

동일하게 ϕ 경사에 따라 물속으로 더 잠긴 체적(V_i)은

$$V_i = \int_L \frac{1}{2} y_i \cdot dx \times (y_i \times \phi)$$

$$= \frac{1}{2} \phi \int {y_i}^2 \, dx \tag{3.3.2}$$

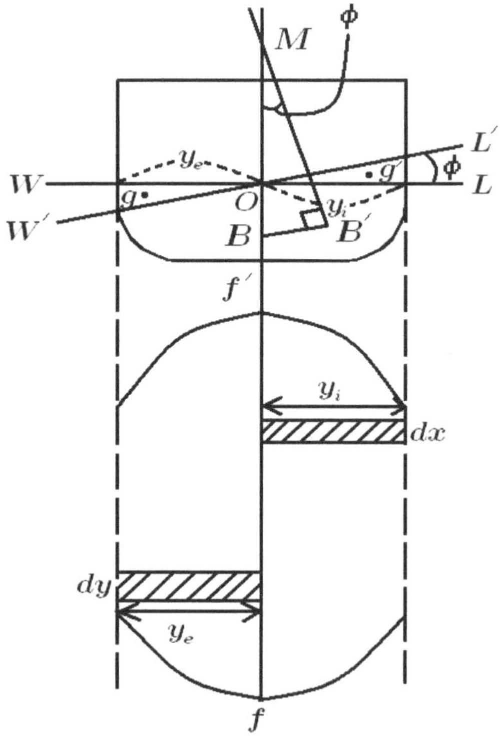

그림 3.10 부면심의 이동

한편, ϕ 경사 하더라도 원래 배의 배수량은 일정하므로 $V_e = V_i$ 라야 한다. 즉

$$\frac{1}{2}\phi\int y_e^{\,2}\,dx = \frac{1}{2}\phi\int y_i^{\,2}\,dx \tag{3.3.3}$$

한편, $f\,f\,'$ 축에 대해 수선면 좌측과 우측 부분의 1차 모멘트는

$$Q_e = \int_L (y_e \cdot dx) \times \frac{1}{2}y_e = \frac{1}{2}\int_L y_e^{\,2}\,dx$$
$$Q_i = \int_L (y_i \cdot dx) \times \frac{1}{2}y_i = \frac{1}{2}\int_L y_i^{\,2}\,dx$$

이므로 식 (3.3.3)에 의해

$$Q_e = Q_i \tag{3.3.4}$$

가 된다.

즉, $f\,f\,'$ 축상에 수선면의 도심이 있다는 뜻이 되고 그 점이 바로 F가 된다. 정리하면 浮體가 수선면의 도심 즉 부면심을 지나는 수평축 주위에 미소 경사할 때 경사 전후의 배수용적은 같다고 할 수 있다. 이를 Euler의 정리라고 한다. 말을 바꾸어 하면 浮體가 평형위치에서 어떤 각도로 경사할 때 경사의 중심은 새 수선면의 浮面心에 오게 된다는 것이다.

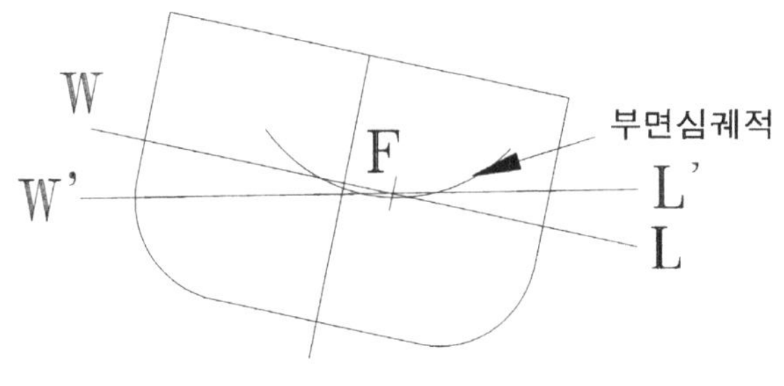

그림 3.11 부면심 궤적

선체는 좌우 대칭이므로 소각도의 횡경사시에는 경사시 부면심 F는 선체 중심선 上에 있고 만일 현측 수직선(Wall-sided Vessel)의 경우라면 약간 큰 각도의 횡경사까지도 F는 중심선 上에 있게 된다. 그러나 종경사의 경우는 부면심이 소각도 경사의 경우라도 변화하게 된다. 이와 같이 경사시 부면심 F가 그리는 궤적을 부면심 곡선이라 하고 그림 3.11에는 횡경사의 경우 부면심 궤적을 나타내고 있다.

예제 3.17

다음 수선면의 I_{xx}와 L.C.F 를 구하여라.

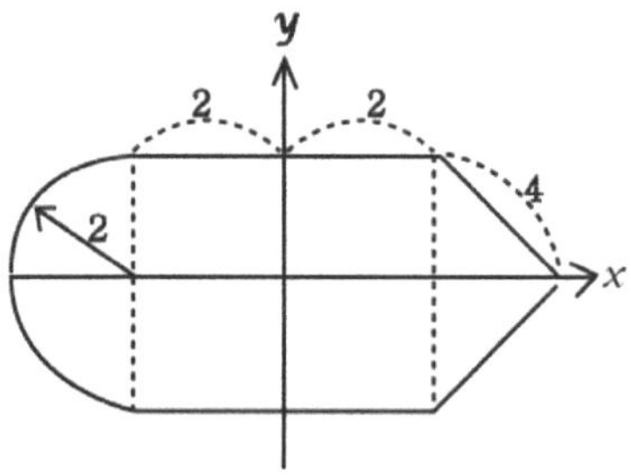

풀 이

$$I_{xx} = \frac{1}{12}(4)(4)^3 + \frac{1}{8}\pi(2)^4 + \frac{1}{12}(2\sqrt{3})(2)^3 \times 2$$

$$= 21.333 + 6.283 + 4.619$$

$$= 32.235\ m^4$$

L.C.F는 y축에 대한 1차 모멘트와 같다.

$$\frac{1}{2}\pi(2)^2 + 16 + 4\sqrt{3})\overline{y} = -\frac{1}{2}\pi(2)^2(2 + \frac{8}{3\pi}) + 4\sqrt{3}(2 + \frac{2\sqrt{3}}{3})$$

$$\therefore \overline{y} = 0.1355\ m$$

답 : $I_{xx} = 32.235\ m^4,\ LCF = 0.1355\ m$

3.3.2 부심(浮心, C. B., Center of Buoyancy)

그림 3.12와 같이 물에 떠 있는(또는 완전 몰수된) 물체에 작용하는 浮力을 구해보자. 물체에 현직으로 면적 dA 인 실린더 요소를 생각하면 이 실린더에 연직으로 작용하는 수압에 의한 힘은

$$\delta F_B = (P_2 - P_1)\, dA \tag{3.3.5}$$

여기서, $P_1 = 0$

(대기압에 노출되어 있으므로 편의상 $P_1 = P_0 = 0$ 으로 잡음)

$$P_2 = \rho g h_2$$

따라서,

$$\delta F_B = \rho g h_2 \cdot dA = \rho g\, dv \tag{3.3.6}$$

물체에 작용하는 전체 힘(浮力)은

$$F_B = \int \rho g\, dv = \rho g v \tag{3.3.7}$$

여기서, v 는 수면하 물체의 체적(또는 물체에 의해 배수된 물의 체적)이다. 한편 임의의 O축에 대한 부력의 모멘트를 생각하면

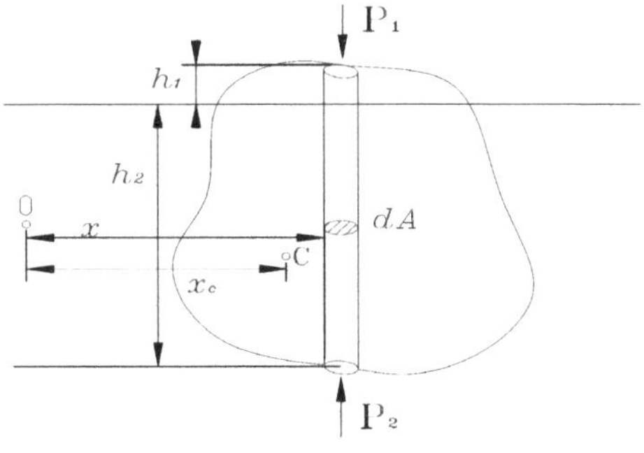

그림 3.12 부심 구하기

$$x_c \cdot F_B = \int x \cdot \delta F_{B=} \int x \cdot \rho g \, dv$$

$$\therefore \ x_c = \frac{\rho g \int x \cdot dv}{\rho g \int dv} \tag{3.3.8}$$

즉, x_c는 수면하 체적 v의 도심이 된다. 따라서 이 점(도심)에 浮力이 작용하게 되고 이 점을 浮心(Center of Buoyancy)라 부른다.

예제 3.18

비중 0.6인 물질로 된 원형 실린더가 물에 떠있다. 부심을 구하라.

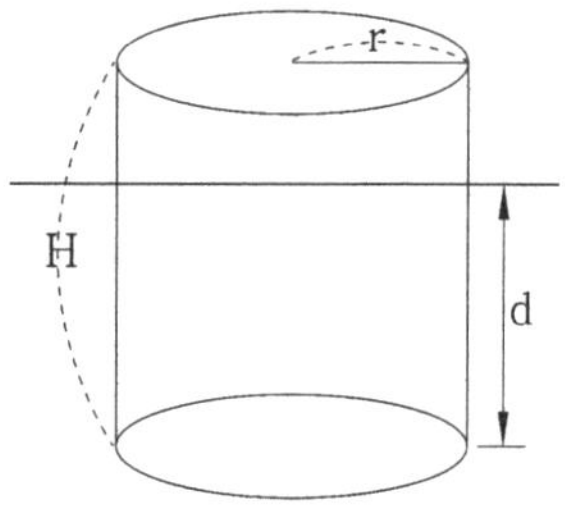

풀 이

비중이 0.6이므로 배수량은 $\pi r^2 \times d = \pi r^2 \times H \times 0.6$

$\therefore \ d = 0.6H$

따라서 밑단(K)에서 부심까지 거리 $\overline{KB}$는

$\overline{KB} = \frac{1}{2} \times d = 0.3H$

이다.

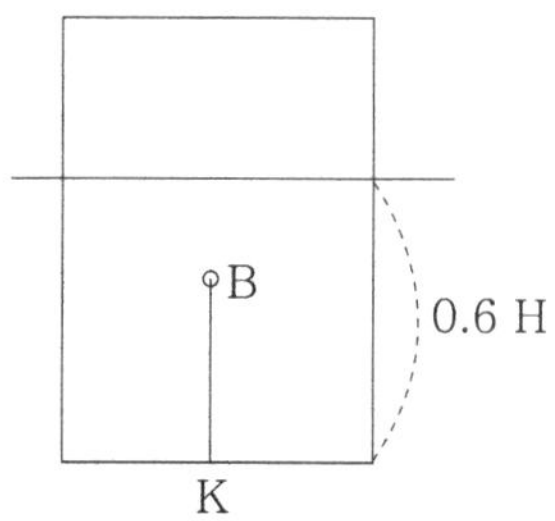

답 :$KB = 0.3H$

예제 3.19

그림과 같은 물체의 KB를 구하라.

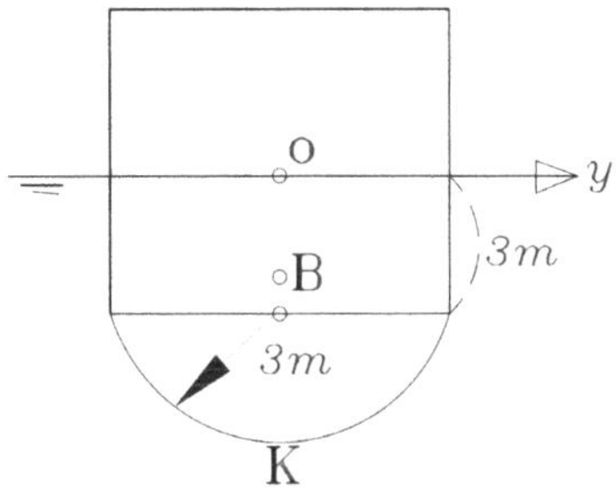

풀 이

y축에 대한 배수체적(면적)의 1차 모멘트를 생각하면

$$3 \times 6 \times \left(\frac{1}{2} \times 3\right) + \frac{\pi \cdot 3^2}{2} \times \left(3 + \frac{4 \times 3}{3\pi}\right)$$

$$= \left(3 \times 6 + \frac{\pi \cdot 3^2}{2}\right) \times OB$$

$$\therefore\ OB = 2.72\ m$$

$$\therefore\ KB = 6 - OB = 3.28\ m$$

답 : $KB = 3.28\ m$

예제 3.20

그림과 같이 원통형 실린더 모양의 물체를 담수에 띄우니, 흘수가 $2\,m$가 되었다. KB를 구하라. (실린더 반경 $= 3\,m$)

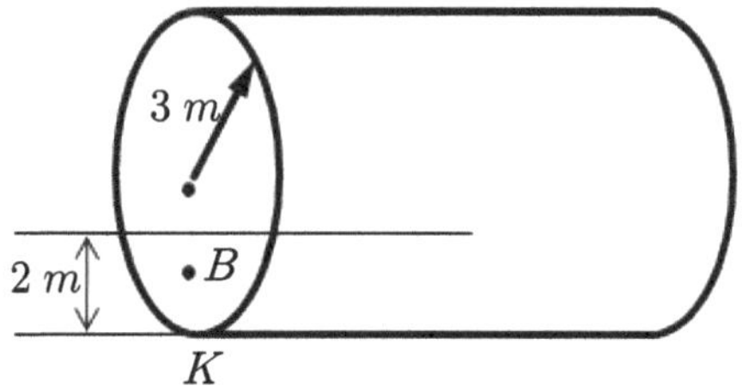

✎ **풀 이**

수면 하, 빗금 친 요소의 면적을 dA라 하면

$$dA = 2xdy = 2\sqrt{3^2 - y^2}\,dy$$

$$A = \int_1^3 2\sqrt{3^2 - y^2}\,dy$$

$y = 1$ 일 때, $\theta = \sin^{-1}\left(\frac{1}{3}\right) \fallingdotseq 0.34rad$

$y = 3$ 일 때, $\theta = \frac{\pi}{2}$

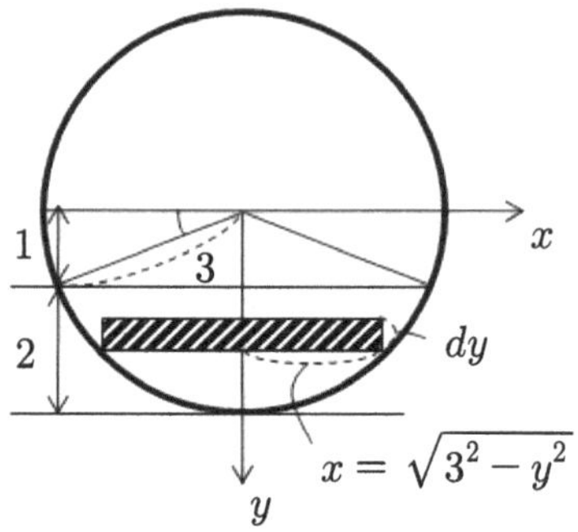

$y = 3\sin\theta$라 하면, $dy = 3\cos\theta d\theta$

$$2\sqrt{3^2 - y^2} = 2\sqrt{3^2(1 - \sin^2\theta)} = 2 \times 3 \times \cos\theta$$

$$\therefore\ A=\int_{0.34}^{\frac{\pi}{2}} 2 \cdot 3\cos\theta \cdot 3\cos\theta d\theta$$
$$=18\int_{0.34}^{\frac{\pi}{2}} \cos^2\theta d\theta = 18 \cdot \frac{1}{2}\int_{0.34}^{\frac{\pi}{2}} (1+\cos 2\theta)d\theta$$
$$=9[\,\theta\,]_{0.34}^{\frac{\pi}{2}} + 9 \cdot \frac{1}{2}[\sin 2\theta]_{0.34}^{\frac{\pi}{2}}$$
$$=9\times 1.2308 + \left(-\frac{9}{2}\right)\times 0.628793$$
$$=8.2476\ m^2$$

한편, x축에 대한 1차 모멘트는

$$Q_x=\int_1^3 ydA=\int_1^3 2y\sqrt{3^2-y^2}\,dy$$
$$=\int_{0.34}^{\frac{\pi}{2}} 2 \cdot (3\sin\theta) \cdot 3\cos\theta \cdot (3\cos\theta d\theta)$$
$$=54\int_{0.34}^{\frac{\pi}{2}} \sin\theta\cos^2\theta d\theta = 54\int_{0.34}^{\frac{\pi}{2}} (\sin\theta - \sin^3\theta)d\theta$$
$$=54\times(-1)\times[\cos\theta]_{0.34}^{\frac{\pi}{2}} - 54\int_{0.34}^{\frac{\pi}{2}} \sin^3\theta d\theta$$
$$=-54\times(0-0.9427546) - 54\int_{0.34}^{\frac{\pi}{2}}\left(\frac{3}{4}\sin\theta - \frac{1}{4}\sin 3\theta\right)d\theta$$
$$=50.90875-35.8264$$
$$=15.08234$$

따라서, $y_c=\dfrac{Q_x}{A}=\dfrac{15.08234}{8.2476}=1.8287$

부심 $KB=r-y_c=1.171\ m$

답 :$KB=1.171\ m$

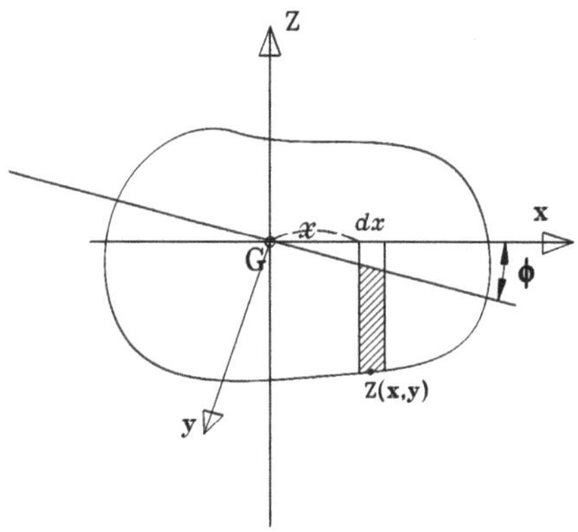

그림 3.13 부심의 이동

그림3.13과 같이 임의의 물체가 물에 떠있는 경우 ϕ 경사에 따른 부심의 이동을 살펴보자.

경사전의 부심을 $(\overline{x_0}, \overline{y_0}, \overline{z_0})$, ϕ 경사시 부심을 $(\overline{x}, \overline{y}, \overline{z})$ 라하고 배수용적을 V라 하면

$$\overline{x_0} = \frac{1}{V}\int\int x \cdot z(x,y)\,dx\,dy \tag{3.3.9}$$

$$\overline{y_0} = \frac{1}{V}\int\int y \cdot z(x,y)\,dx\,dy \tag{3.3.10}$$

$$\overline{z_0} = \frac{1}{V}\int\int \frac{1}{2}z \cdot z(x,y)\,dx\,dy \tag{3.3.11}$$

또,

$$\overline{x} = \frac{1}{V}\int\int x\,\{z(x,y) - x\phi\}\,dx\,dy \tag{3.3.12}$$

$$\overline{y} = \frac{1}{V}\int\int y\,\{z(x,y) - x\phi\}\,dx\,dy \tag{3.3.13}$$

$$\overline{z} = \frac{1}{V}\int\int \frac{1}{2}\{z(x,y) + x\phi\}\,\{z(x,y) - x\phi\}\,dx\,dy \tag{3.3.14}$$

$\left[\frac{1}{2}\{z(x,y) - x\phi\} + x\phi\right]$에 의해

따라서, 부심 이동량을 (ξ, η, ζ)라 하면

$$\xi = \bar{x} - \overline{x_0} = -\frac{\phi}{V}\int\int x^2\,dx\,dy = -\frac{\phi}{V}I_{yy} \quad (3.3.15)$$

$$\eta = \bar{y} - \overline{y_0} = -\frac{\phi}{V}\int\int xy\,dx\,dy = -\frac{\phi}{V}I_{xy} \quad (3.3.16)$$

$$\zeta = \bar{z} - \overline{z_0} = -\frac{\phi^2}{2V}\int\int x^2\,dx\,dy = -\frac{\phi^2}{2V}I_{yy} \quad (3.3.17)$$

따라서, 부심이동 궤적을 xz 평면상에서 보면

$$\zeta = -\frac{V}{2I_{yy}}\xi^2 \quad (3.3.18)$$

과 같이 포물선 형태가 된다.

그림 3.14는 각 특정 단면 모양의 물체가 경사시 부심궤적을 보여주고 있다.

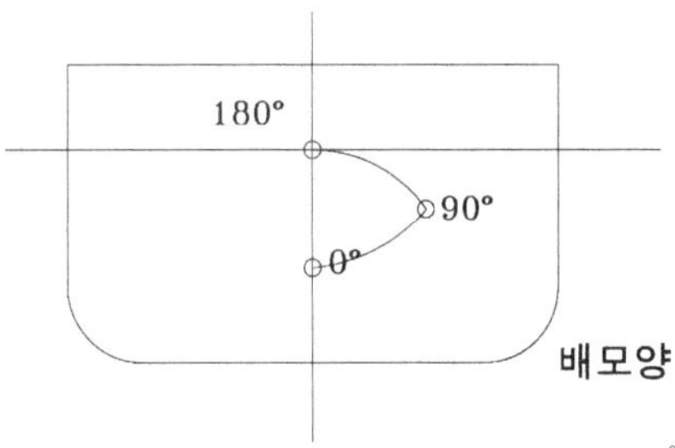

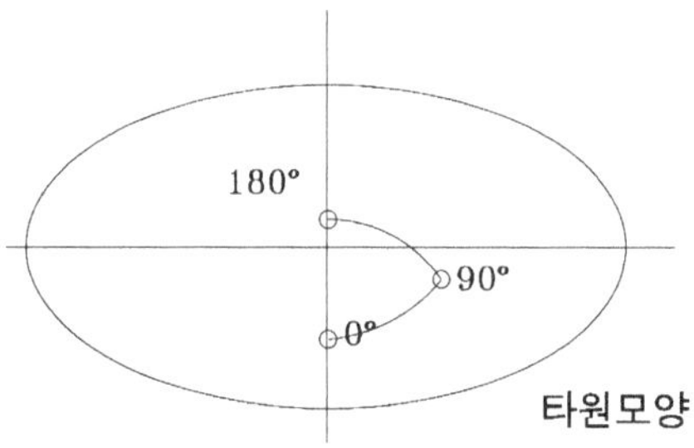

그림 3.14 부심궤적

3.3.3 중심(重心(Center of Gravity))

그림 3.15와 같이 여러 요소로 구성된 물체가 있을 때 전체로서의 무게중심 G (x_G, y_G, z_G)를 구하기 위해서는 x, y, z축에 대한 각 요소의 1차 모멘트(중량 1차 모멘트)가 필요하다. 각 요소의 무게를 $\overline{W_i}$라 하고 좌표축에서 그 중심까지의 거리를 (x_i, y_i, z_i)라 하면

$$x_G = \frac{\sum(\overline{W_i} \times x_i)}{\sum \overline{W_i}} \tag{3.3.19}$$

$$y_G = \frac{\sum(\overline{W_i} \times y_i)}{\sum \overline{W_i}} \tag{3.3.20}$$

$$z_G = \frac{\sum(\overline{W_i} \times z_i)}{\sum \overline{W_i}} \tag{3.3.21}$$

만일, 어떤 물체가 균질재료(Isotropic)로 되어 있다면 그 물체의 부피의 도심이 바로 무게중심이 된다.

선박과 같이 수많은 부재가 복잡하게 배치되어 있는 물체에서는 위의 방법으로 무게중심을 구하기 위해서는 방대한(지루한) 계산이 필요하다. 이를 해결하기 위해 다음에 설명하는 경사시험(傾斜試驗, Inclination Test)이란 방법으로 한 번에 무게중심을 구할 수도 있다. 선박은 좌우대칭이므로 무게중심은 항상 $x-z$面 上에 있고

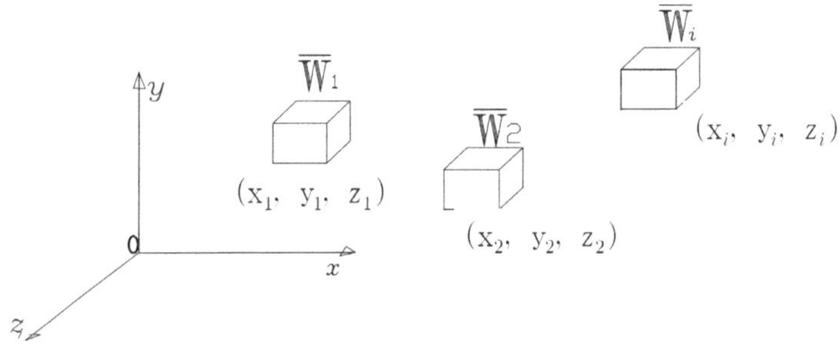

그림 3.15 중심 구하기

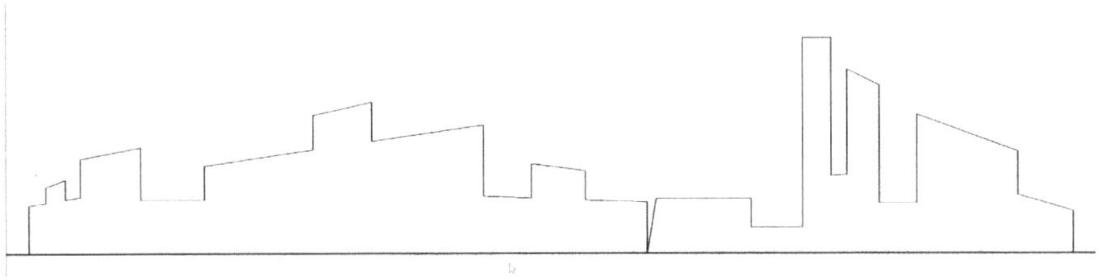

(a) 중량분포곡선

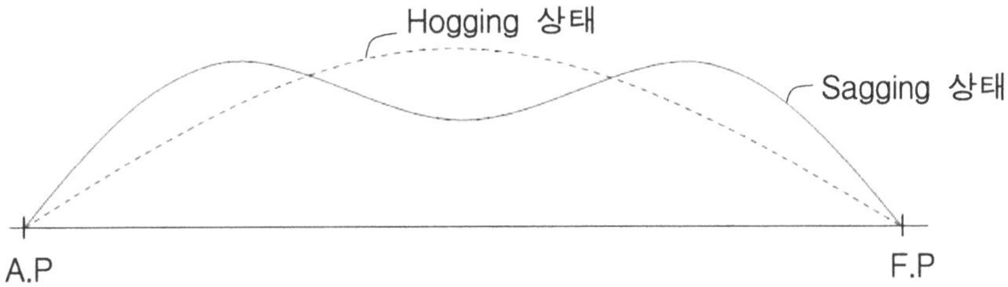

(b) 부력분포곡선

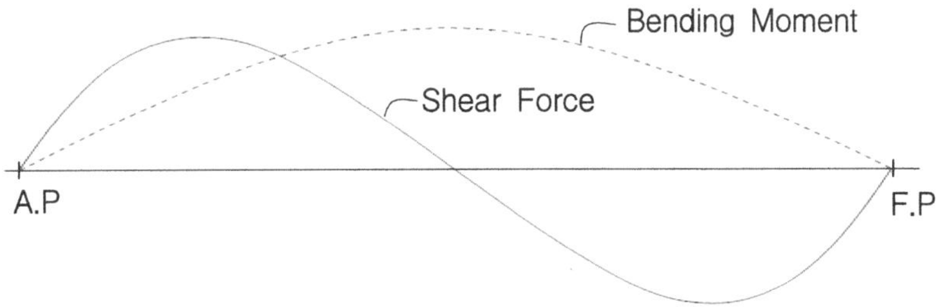

그림 3.16(c) 벤딩 모멘트와 전단력 분포곡선

(즉 $y_G = 0$), 선박의 종방향 무게중심 위치(x_G)는 선박의 Trim과 관계되므로 중요한 사항이다. Midship에서 전방에 있는 무게중심까지의 거리를 보통 $+x_G$라하고 L.C.G.(Longitudinal Center of Gravity)라 한다. 선박이 물에 떠 어떤 평형상태로 떠 있다면 L.C.G.는 L.C.B(Longitudinal Center of Buoyancy)와 같아야 한다. 선박의 횡방향 무게중심 위치(z_G 또는 Keel에서 G 까지의 높이 $\overline{KG}$)는 선박의 Heel과 관계되고, 복원성과 직결되는 중요한 값이다.

선박의 길이방향 중량분포를 그림으로 그린 것을 중량분포곡선(Weight Curve)이라 한다. 그림 3.16은 대표적인 중량분포곡선의 한 예이다.

3.4 정수압, 부력의 계산

앞 절에서 보았듯이, 부력이란 몰수표면에 작용하는 정수 압력의 연직방향 성분을 모은 것 (물체의 침수표면 전체에 걸쳐 적분한 것) 이다.

예를 들어 그림 3.17과 같이 실린더가 물에 떠 있을 경우 실린더의 비중을 $\gamma(0 < \gamma < 1)$ 이라 할 때 실린더의 무게(Weight)는

$$W = \rho g \cdot \gamma \cdot \pi r^2 H \tag{3.4.1}$$

이고 실린더에 작용하는 부력은, 밑면에 작용하는 정수압 $P = \rho g d$ 을 밑면 전체에 대해 적분한 것이다.

$$\text{즉} \quad B = \pi r^2 \cdot P = \pi \rho g d r^2 \tag{3.4.2}$$

상하방향의 힘의 평형에 의하여

$$W + B = 0 \tag{3.4.3}$$

$$\therefore \quad \pi \rho g d r^2 = \rho g \gamma \cdot \pi r^2 H$$

$$\therefore \quad \mathrm{d} = \gamma \cdot H \tag{3.4.4}$$

임을 알 수 있다.

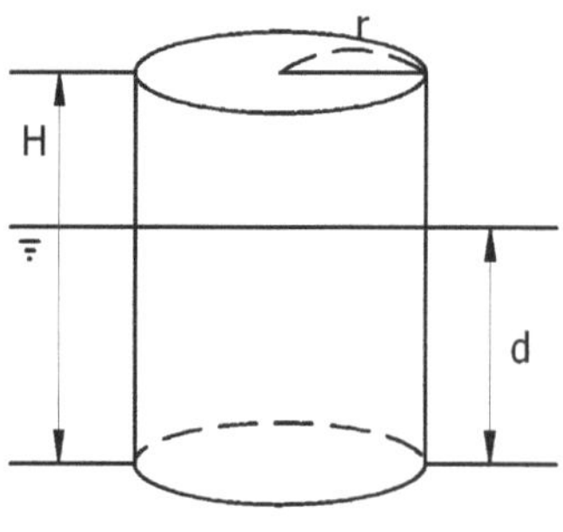

그림 3.17

예제 3.21

그림과 같은 원형 실린더 모양의 물체로 둑이 만들어져 있다. 실린더에 작용하는 수평력과 수직력을 구하라(실린더의 길이 $L = 1\ m$, 반경$a = 2\ m$ 이다).

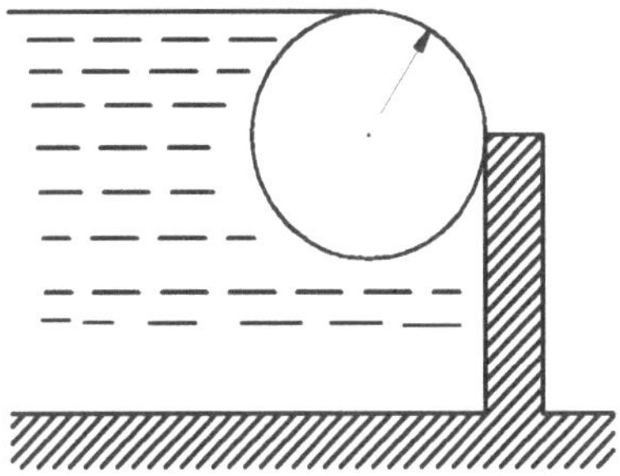

풀 이

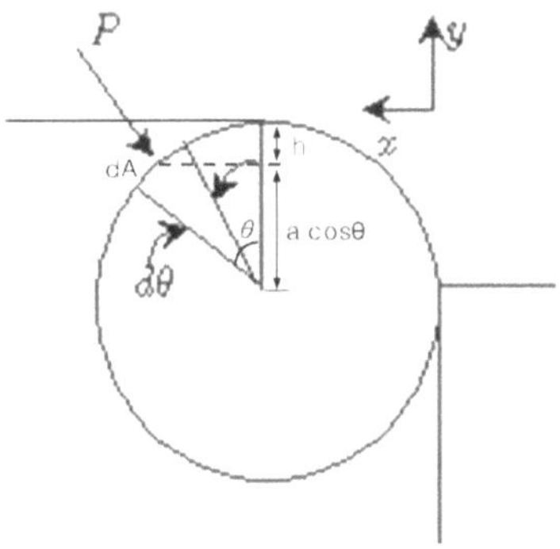

임의의 미소면적 dA에 작용하는 수압을 P라 하면,

$$P = \rho g h$$

$$h = a(1 - \cos\theta)$$

이고, 미소면적 $dA = a d\theta$이다.

힘 $F = PdA$ 이고, 수평력 $F_x = F\sin\theta$, 수직력 $F_y = F\cos\theta$이므로

[수평력] 미소면적에 작용하는 수평력 $dF_x = \rho g \times h \times dA \times \sin\theta \times L$

$$F_x = \int_0^{\frac{3\pi}{2}} [\rho g \times a^2(1-\cos\theta) \times \sin\theta \times L] d\theta$$

$$= \int_0^{\frac{3\pi}{2}} [1.025 \times 9.8 \times 2^2 \times (1-\cos\theta) \times \sin\theta \times 1] d\theta$$

$$= 19.6KN$$

[수직력] $dF_y = \rho g \times h \times dA \times \cos\theta \times L$

$$F_x = \int_0^{\frac{3\pi}{2}} [\rho g \times a^2(1-\cos\theta) \times \cos\theta \times L] d\theta$$

$$= \int_0^{\frac{3\pi}{2}} [1.025 \times 9.8 \times 2^2 \times (1-\cos\theta) \times \cos\theta \times 1] d\theta$$

$$= 131.5KN$$

답 : 수평력 = 19.6 KN 수직력 = 131.5 KN

예제 3.22

그림과 같이, 물통에 원단면의 실린더 형 수문이 반쪽만 수압을 받도록 되어 있다. 수압에 의한 수평방향의 힘 과 수직 방향의 힘을 구하라

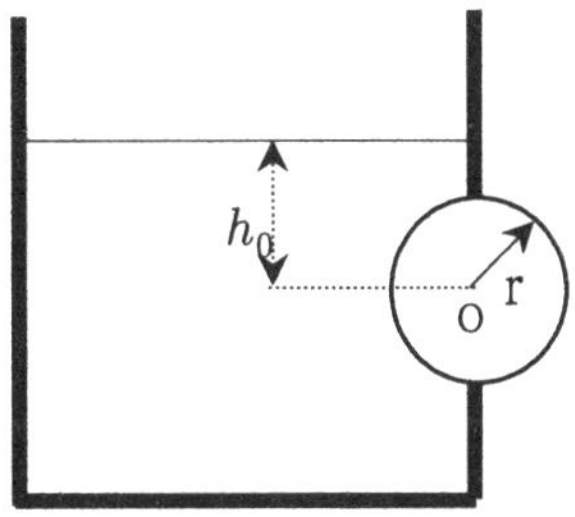

풀 이

$$P=\rho gh=\rho g(h_0-rcos\theta)$$

$$dF=PdA=\mathrm{P}\,\mathrm{r}d\theta$$

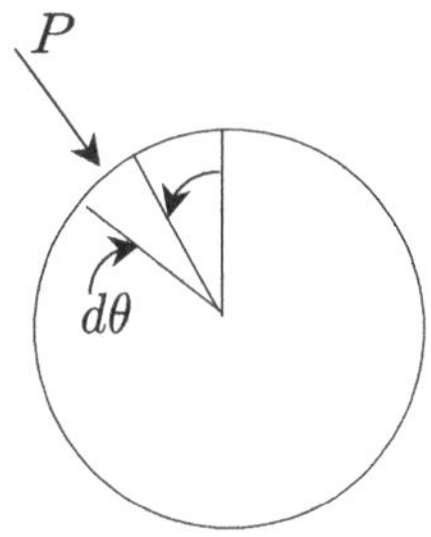

[수평력]

$$dF\sin\theta=\mathrm{P}\,\mathrm{r}\sin\theta d\theta=\rho g(h_0-r\cos\theta)r\sin\theta d\theta$$

$$F_{수평}=\rho g\int_0^{\pi}(h_0 r\sin\theta-r^2\cos\theta\sin\theta)d\theta$$

$$=\rho gh_0 r[\cos\theta]_0^{\pi}-\frac{r^2}{2}[\sin^2\theta]_0^{\pi}=2\rho gh_0 r$$

[수직력]

$$dF\cos\theta=\rho g(h_o-r\cos\theta)r\cos\theta d\theta$$

$$F_{수직}=\rho g\int_0^{\pi}(h_0 rcos\theta-r^2\cos^2\theta)d\theta$$

$$= \rho g h_0 r [\sin\theta]_0^\pi - \frac{r^2}{2}\pi - \frac{r^2}{4}[\sin 2\theta]_0^\pi$$
$$= \frac{r^2}{2}\pi\rho g$$

답 : 수평력 $2\rho g h_0 r$, 수직력 $\frac{r^2}{2}\pi\rho g$

한편, 해저에 밀착된 물체를 인양할 경우에는 2단계로 나누어 생각할 필요가 있다.

즉, 그림 3.18에서처럼 해저 1000 m 인 곳에 직육면체 모양의 물체가 있을 경우 (밑면이 해저와 밀착되어 있음) 이를 끌어올리는데 필요한 힘을 다음의 두 가지로 생각할 수 있다.

물체의 자중을 W 라 할 때,

i) 1단계 힘 (F_1) : 물체를 해저에서 떨어지게 하는 힘

$$F_1 = \rho g h \times ab + W \tag{3.4.5}$$

ii) 2단계 힘 (F_2) : 해저에서 분리된 물체를 끌어올리는 힘

$$F_2 = W - \rho g \times abc \tag{3.4.6}$$

식(3.4.5)에서 수심이 깊을수록 F_1은 매우 큰 힘이 됨을 알 수 있다.

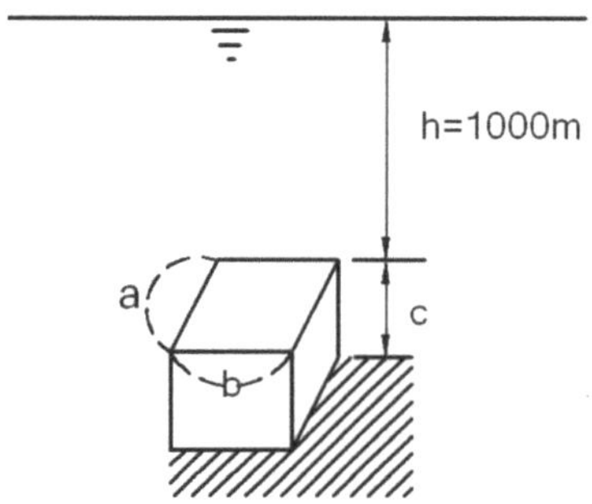

그림 3.18

예제 3.23

그림과 같이 길이 10 m, 폭 6 m, 깊이 3 m인 箱船 2개를 연결한 기중기선(W=100 ton)으로, 수심 10 m의 해저에 완전히 밀착된 무게 70 tonf의 콘크리트 블록(가로3 m, 세로3 m, 높이3 m)을 끌어올릴 때,

(1) 처음에 필요한 기중기의 힘과 그때의 기중기선의 흘수

(2) 블록이 해저에서 떨어졌을 때, 引揚에 드는 힘과 그때의 흘수를 구하라.

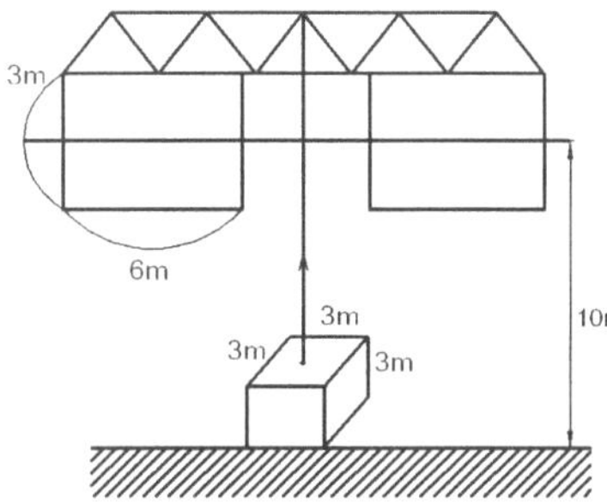

풀 이

(1) 물체가 해저에 밀착되어 있으므로 물체를 들어 올리는데 필요한 힘은 물체의 고유 무게 + 물체 위로 작용하는 물의 압력 ($h = 10-3m, A = 3^2 m$

$$70\ \text{tonf} + \rho g \times h \times A_Z = 70 + 1.025 \times 7 \times 9 = 134.6\ \text{tonf}$$

물체를 들어 올리지 않았을 때의 기중기의 흘수

$$W = \rho g V = \rho g \times 2 \times 10 \times 6 \times d$$

$$100 \times 9.8 = 1.025 \times 9.8 \times 2 \times 10 \times 6 \times d$$

$$\therefore d = 0.813\ m$$

물체를 들어 올릴 때 변화한 흘수

$$\Delta d = \frac{134.6}{1.025 \times 2 \times 10 \times 6} = 1.0941\ m$$

따라서 최종 흘수 $d\ ' = d + \Delta d = 1.907\ m$

(2) 블록이 해저에서 떨어졌을 때 물체를 들어올리는데 필요한 힘은 물체의 고유 무게 - 물체가 받는 부력

$$70tonf - \rho g \times v = 70tonf - 1.205 \times 3 \times 3 \times 3tonf = 42.4tonf$$

이때 변화한 흘수

$$\Delta d = \frac{42.4}{1.025 \times 2 \times 10 \times 6} = 0.3441\ m$$

따라서 최종 흘수 $d = d + \Delta d = 1.16\ m$

답 : (1) $F_1 = 134.6$ ton 흘수 =1.907 m

(2) $F_2 = 42.4$ ton 흘수 =1.16 m

예제 3.24

그림과 같이, 유조선 화물창에 淸水를 채웠을 때 선체 빌지 부분인 1/4 원모양의 부재에 작용하는 수평력과 수직력을 구하라. (화물창 폭은 2 m이다)

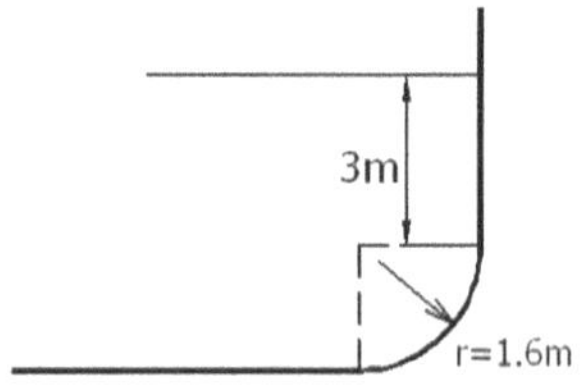

풀 이

$P=\rho g(3+y)$

$P_x = P cos\theta,\ \mathrm{P_y = P\sin\theta}$

수평력 $F_x = \int_0^{\frac{\pi}{2}} P\cos\theta \cdot R \cdot d\theta \cdot B$

수직력 $F_y = \int_0^{\frac{\pi}{2}} P\sin\theta \cdot R \cdot d\theta \cdot B$

$\therefore F_x = \int_0^{\frac{\pi}{2}} \rho g(3+R\sin\theta)\cos\theta RBd\theta$

$= \rho gBR(3+\frac{R}{2}) = 9800\times 2\times 1.6\times 3.8 = 119,168N\ (=12160kgf)$

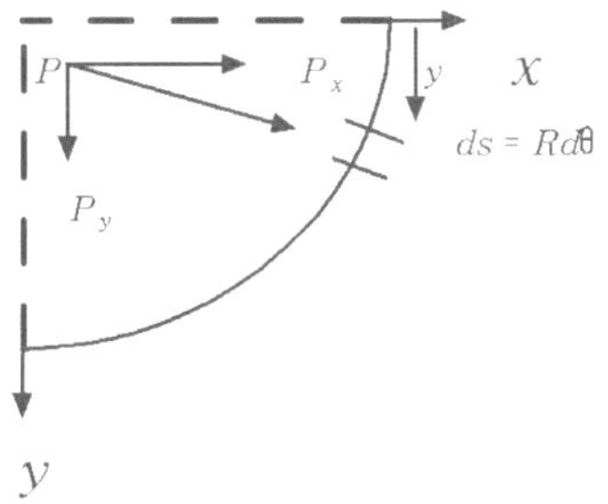

$F_y = \int_0^{\frac{\pi}{2}} \rho g(3+R\sin\theta)\sin\theta Rd\theta \cdot B$

$= \rho gB\times(3R+\frac{\pi R^2}{4})$

$= 9800\times B\times(3\times 1.6+\frac{\pi\times 1.6^2}{4}) = 133.488N \quad (=13,621\ kgf)$

답 : 수평력 119.2 *KN*, 수직력 133.5 *KN*

예제 3.25

그림과 같이 물탱크 밑에 점토(비중 2)를 깔고, 그 위에 물을 넣은 후 주상체를 띄우니 밑단이 점토위에 닿았다. 만일, 탱크 내에 물을 빼 수위가 6 ft가 되면, 주상체는 점토 속으로 얼마나 들어가는가?

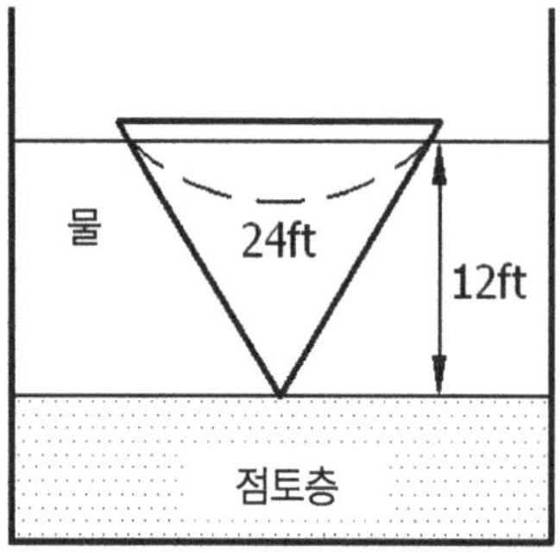

풀 이

물의 밀도: ρ에 대해 물을 빼기전 주상체의 배수량과 뺀 후의 배수량이 같으므로,

$$\frac{1}{2}\times 24\times 12\times\rho=\frac{1}{2}\cdot 2x\cdot x\cdot 2\rho$$
$$+2\times\frac{1}{2}(x+6+x)\cdot 6\cdot\rho$$

$$\therefore\ x^2+6x-54=0$$

$$x=-3\pm 7.937$$

$$x=4.937\ ft$$

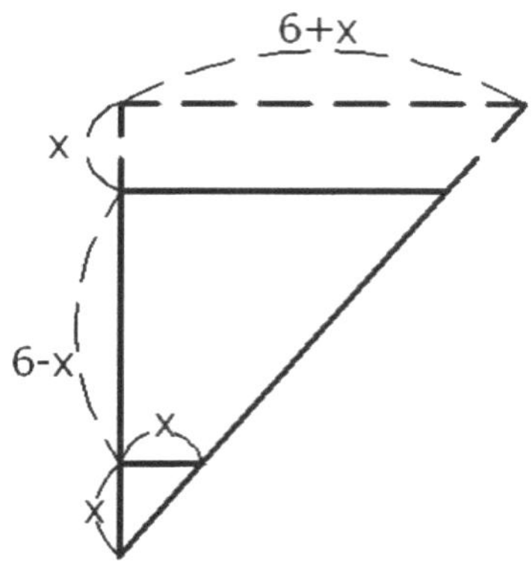

x : 점토 속으로 들어간 부분의 높이

답 : 4.937 ft

예제 3.26

그림과 같이 비중계가 물에 떠있다. (비중계의 자중 = 20 gf) 이 비중계를 어떤 액체 (밀도 = 921.8 kg/m^3)에 넣을 때, 흘수는 몇 mm 증가 하는가?

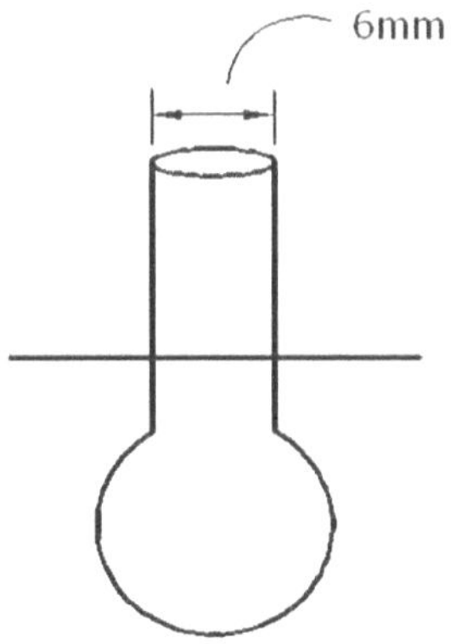

풀 이

물에 떠 있을 때의 비중계의 부피 : $V\ cm^3$

$$\therefore\ V = \frac{20gf}{1\ g/cm^3} = 20\ cm^3$$

$$\therefore\ 20g = 0.9218 \times (V + \pi \times 0.3^2 \times h)$$

$$\therefore h = 6\ cm\ =\ 60\ mm$$

답 : 60 mm 증가

예제 3.27

그림과 같은 물체의 수면 하 표면에 작용하는 수압을 x, y 방향 선분으로 나누어 적분하여,

(1) 물체에 작용하는 x방향, y방향의 힘을 구하고,

(2) o축 주위의 모멘트를 계산하여 부심의 x 좌표를 구하라.

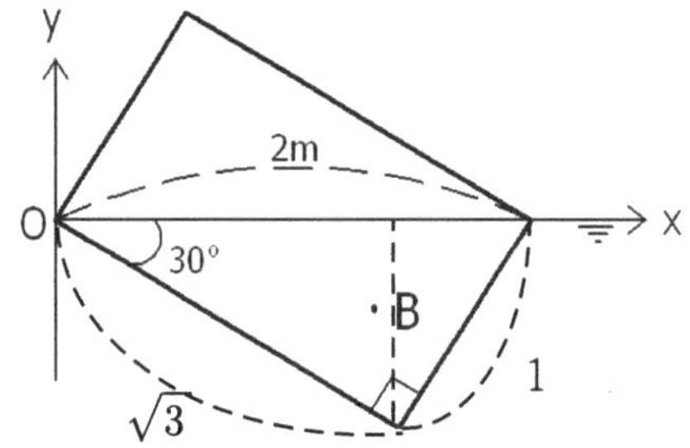

풀 이

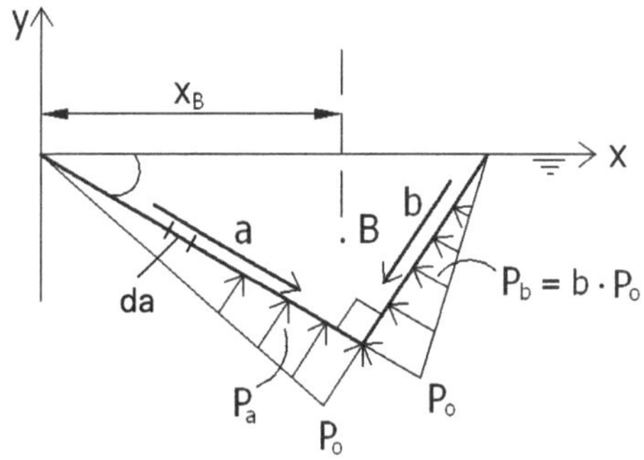

(1) a, b 빗면 방향의 좌표를 나타내는 독립변수이다.

$$\begin{cases} P_a = \dfrac{P_0}{\sqrt{3}} \cdot a = \dfrac{\sqrt{3}}{3} a \\[2ex] P_b = \dfrac{P_0}{1} \cdot b = P_0 \cdot b \end{cases}$$

$$\begin{cases} P_{ax} = P_a \cdot \cos 60 = \dfrac{\sqrt{3}}{6} P_0 \cdot a \\ P_{ay} = P_a \cdot \sin 60 = \dfrac{1}{2} P_0 \cdot a \end{cases}$$

$$\begin{cases} P_{bx} = -P_b \cdot \cos 30 = -\dfrac{\sqrt{3}}{2} P_0 \cdot b \\ P_{by} = P_b \cdot \sin 30 = \dfrac{1}{2} P_0 \cdot b \end{cases}$$

$$\therefore \; F_{ax} = \int_0^{\sqrt{3}} \frac{\sqrt{3}}{6} P_0 \cdot a\, da = \frac{\sqrt{3}}{4} P_0$$

$$F_{ay} = \int_0^{\sqrt{3}} \frac{1}{2} P_0 \cdot a\, da = \frac{3}{4} P_0$$

같은 방법으로

$$\therefore \; F_{bx} = -\frac{\sqrt{3}}{4} P_0, \qquad F_{by} = \frac{1}{4} P_0$$

$$\therefore \; F_x = 0, \qquad F_y = P_0 = \frac{\sqrt{3}}{2} \rho g$$

(2) O점에 대한 모멘트

F_{ax} ,F_{ay} ,F_{bx} ,F_{by} ,에 의한 O점 주위의 모멘트 M은

$$M = \frac{7}{6} P_0 = F_y \cdot x_B \qquad \therefore x_B = \frac{7}{6}$$

답 : (1)$F_x = 0, F_y = \dfrac{\sqrt{3}}{2} \rho g$ (2)$x_B = \dfrac{7}{6}$

예제 3.28

그림과 같이, 삼각형이 물 속에 잠겨있다. 이 면에 작용하는 정수압의 합력과 압력중심 y_P 를 구하라.

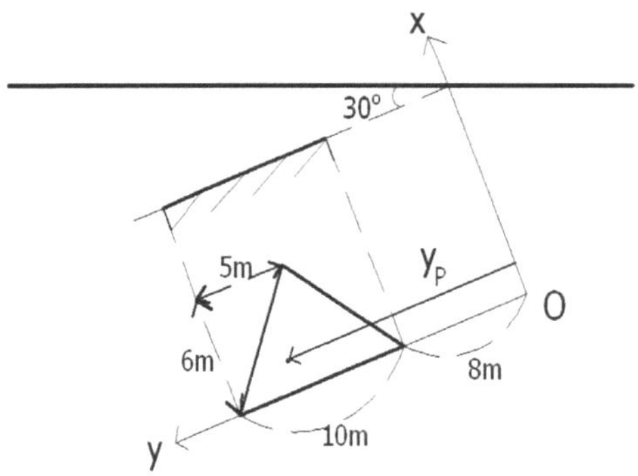

풀 이

정수압의 합

$$F = \rho g \int y \sin 30 \times x dy$$
$$= \gamma \int_8^{13} y \sin 30 \times (\frac{6}{5}y - \frac{48}{5}) dy + \gamma \int_{13}^{18} y \sin 30 (-\frac{6}{5}y + \frac{108}{5}) dy$$
$$= \rho [\frac{2}{5}y^3 - \frac{24}{5}y^2]_8^{13} \sin 30 + \gamma [-\frac{2}{5}y^3 + \frac{54}{5}y^2]_{13}^{18} \sin 30$$
$$= 85\gamma + 110\gamma = 195\gamma = 1.912\,MN$$

압력중심

$$195\gamma \times y_P = \rho g \int_8^{13} y^2 \sin 30 (\frac{6}{5}y - \frac{48}{5}) dy + \gamma \int_{13}^{18} y^2 \sin 30 (-\frac{6}{5}y + \frac{108}{5}) dy$$
$$= \gamma [\frac{3y^4}{20} - \frac{8}{5}y^3]_8^{13} + \gamma [-\frac{3y^4}{20} + \frac{18}{5}y^3]_{13}^{18} = \gamma \times 2597.5$$

$$\therefore y_P = 13.32\,m$$

답 : 정수압의 합 1.912 MN, 압력중심 13.32 m

예제 3.29

그림과 같이, 저울위에 소금물(비중 2.0)이 든 통을 올려놓고 무게를 재보니 저울 눈금이 4 Kg이었다. 여기에 철로 만든 봉(봉의 밀도 10.0), 길이 20 cm, 단면반경 2 cm의 한쪽을 잡고 다른 끝을 물속으로 5 cm 만큼 밀어 넣을 때, 저울 눈금은 몇 Kg이 되겠는가?

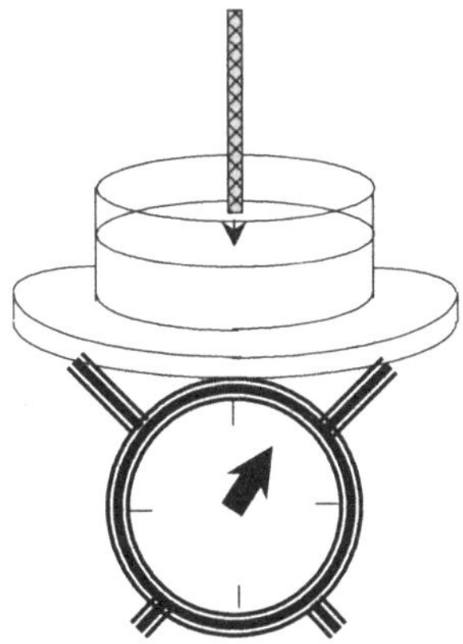

풀 이

저울에는 부력만큼의 무게가 더해진다.

봉이 받는 부력

$$\gamma\rho g A h = 2 \cdot 1000kg/m^3 \cdot 9.8m/s^2 \cdot \pi \cdot (0.02)^2 \cdot 0.05$$

$$= 1.2315kg \cdot m/s^2 = 0.126\ kgf$$

따라서 저울의 눈금은 $4 + 0.126 = 4.126\ kgf$

답 : $4.126\ kgf$

예제 3.30

얼음으로 된 정 6면체가 물에 그 절반이 떠 있게 하기 위해서 6면체 속에 구 모양의 빈 공간을 만든 경우, r과 L의 비 r/L을 구하라.(단, 얼음의 비중은 0.917)

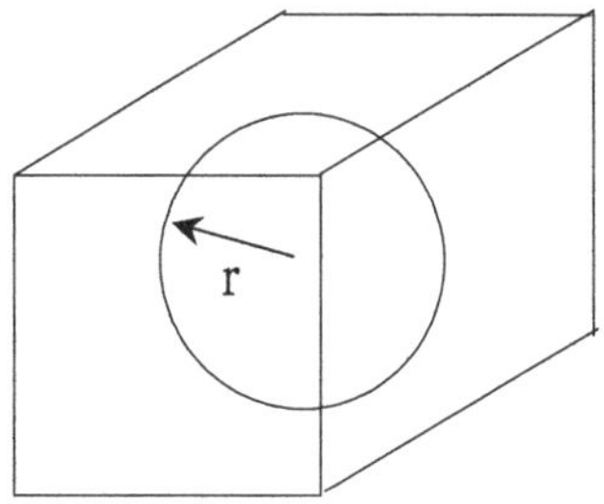

풀 이

"절반이 떠있다"라는 말은 흘수가 $\frac{L}{2}$이라는 말과 같다.

따라서 얼음으로 된 물체의 중량과 이 물체에 작용하는 부력이 서로 같아야 하므로 다음과 같은 수식이 성립한다.

$$\not{\rho}\not{g}(0.917)(L^3 - \frac{4}{3}\pi r^3) = \not{\rho}\not{g}(\frac{L^3}{2})$$

정리하면 아래와 같고

$$-\frac{4}{3}\pi r^3 = -0.4547L^3$$

이것을 양변을 L^3으로 나눠주면 다음과 같은 결과를 얻는다.

$$\frac{r^3}{L^3} = \frac{-0.4547}{-\frac{4}{3}\pi} = 0.1086$$

$r/L = 0.477$

답 :$r/L = 0.477$

예제 3.31

금으로 만든 왕관을 소금물(비중 1.35)이 가득찬 통에 넣으니, 소금물이 613.6 cm^3흘러 나왔다. 이 왕관에는, 약간의 은이 섞여 있다. 섞인 은의 무게를 구하라. (단, 왕관의 무게는 11 kg이고, 금의 비중은 19.3, 은의 비중은 10.49이다)

풀 이

왕관의 $V = 613.6cm^3$

왕관에 섞인 금의 체적을 V_1, 은의 체적을 V_2라 하면,

$V_1 + V_2 = 613.6\ cm^3c$

(19.3 g/cm^3) V_1+(10.49 g/cm^3) V_2=11000 g

따라서 위 두식을 연립하여 풀면 $V_2 = 95.628cm^3$ 이며

섞인 은의 무게는

$W_{은} = \gamma V_2$=(10.49 g/cm^3)(95.628 cm^3) =1.003 kgf

답 : 1.003 kgf

예제 3.32

그림과 같이 수중터널이 있고, 경사진 면에 직경 2 m의 원형 창문이 있다. 창문의 중심은 수심 3 m이다. 이 창문에 작용하는 수압에 의한 힘과, 수압중심의 수심을 구하라.

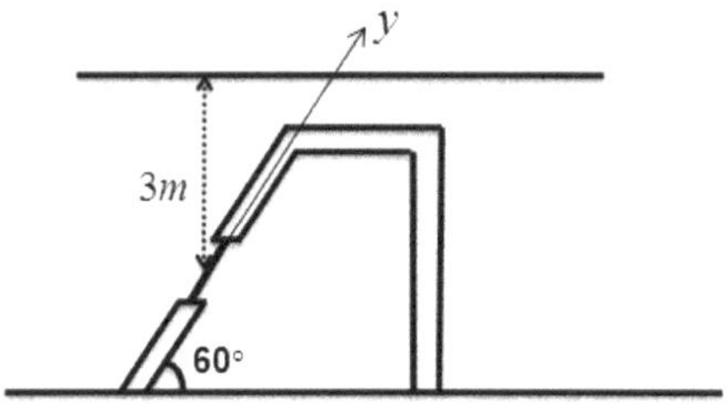

풀 이

$$y = y_G + \frac{I_G}{A \cdot y_G}$$

$$I_G = \frac{\pi}{4} r^4, \quad A = \pi \cdot (1)^2$$

$$\therefore y = \frac{3}{\cos 30°} + \frac{\frac{\pi}{4}(1)^4}{\pi \cdot \frac{3}{\cos 30°}} = 3.536$$

$$\therefore y_p = y \cos 30° = 3.06\ m$$

$$F = \rho g h A = 1000 \times 9.8 \times 3 \times \pi (1)^2$$

$$= 92{,}362.8\, N = 9424.7\ kgf$$

답 : 수압에 의한 힘 9424.7 kgf, 수압중심의 수심 3.06 m

예제 3.33

길이 200 m 폭 25 m 깊이 10 m인 Drydock에, 해수가 9 m 높이로 들어차 있다. dock의 수문(폭 25 m, 높이 10 m)에 작용하는, 수압에 의한 전체 힘과 작용위치를 구하라. (수문의 면적요소에 작용하는 정수압을 적분하고, 또 1차 모멘트를 구해 작용점의 위치를 계산하라.)

풀 이

[수압에 의한 전체 힘]

미소 면적에 작용하는 힘 $dF = \rho gyBdy$

수문 전체에 작용하는 힘은 이것을 높이에 관해 적분.

$$\int_0^9 (25)\rho gydy = 25\rho g(\frac{1}{2})[y^2]_0^9 = 1037.813 \text{ tonf}$$

[작용점의 위치]

작용점의 위치는 수면을 중심축으로 하는 1차 모멘트로써 구한다.

$$\int_0^9 25\rho gy^2dy = (1037.8125)y_c$$

$$25\rho g(\frac{1}{3})[y^3]_0^9 = (1037.8125)y_c$$

$$\therefore y_c = 6 \ m$$

답 : 전체 힘 1037.813 tonf, 작용위치 6 m

4

선박의 경사시 정역학(靜力學)

4.1 선체 경사와 메타센터

선체가 종(횡)경사를 할 경우, 부심이 이동하고 부면심도 위치가 변한다. 그러나 선체의 중심은 원래 위치에서 변화가 없으므로 중력과 부력의 작용방향이 달라져 짝힘이 생기고, 이에 의해 선체는 경사하게 된다. 그림 4.1과 같이 직립시 중심 G, 부심B 인 선박이 ϕ 경사하면 흘수가 $W'L'$ 가 되고, 부심위치도 B' 로 된다. 따라서 중력과 부력의 작용선이 어긋나게 되어 이 두 힘에 의해 짝힘이 발생하고, 이 짝힘(Couple, 모멘트)에 의해 선체는 원래 위치(직립)로 되돌아오게 된다.

그러나 어떤 특별한 상황에서는 경사가 더 커지게 된다. 그림과 같이 새로운 부심 B' 에서 새로운 수선 $W'L'$ 에 연직으로 부력작용 vector를 그리면 이것과 선박의 중심선이 만나는 點M 을 Metacenter라 한다. 그러면 복원력(Restoring Moment)은

$$M = W \cdot GZ = W \cdot GM\sin\phi = W \cdot GM \cdot \phi \qquad (4.1.1)$$

이 되고 GM을 메타센터높이(Metacentric height)라 한다.

중심 G가 점점 높아지면 GM값이 작아지고 결국 $GM = 0$ 이 된다. 이 경우 선박은 경사 하더라도 복원되지 않고 그 자리에 정지한다. 이 때를 중립이라 하고, G가 M보다 더 위에 있을 때 GM값을 음(-)의 값이라 하고, 이 경우 짝힘은 경사를 더욱

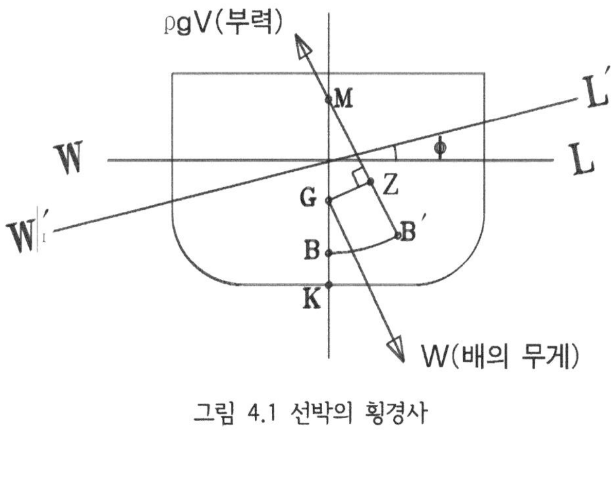

그림 4.1 선박의 횡경사

조장하는 방향으로 작용하므로 경사모멘트(음의 복원력)이라 한다.

종합하면, 어떤 물체가 수면에 떠있을 때 외력이 가해져 일시적으로 경사할 경우, 저절로 원래 위치로 돌아오는 경우, $GM > 0$ (즉G 보다M 이 위에 있을 때)이고, 이때를 안정(S표)이라 하며, 원래 위치로 되돌아가지 않고 더욱 경사하는 경우는 $GM < 0$ 이고(즉 G 보다 M 이 아래에 있는 경우), 이때를 불안정(Uns표)이라 한다. 한편 $GM = 0$ 일 때를 중립(Neutral)이라 한다. 즉 물체의 평형 여부를 따질 때 GM 값(G 와 M 의 상대적 위치와 거리)이 관여한다는 것을 알 수 있다.

선박의 종경사의 경우도 θ 만큼 경사시, 새로운 수선 $W'L'$ 에 대응하여 새로운 부심도 B' 로 이동하고, 종메타센터 M_L을 정의할 수 있다. 종방향의 경우, GM_L 값은 횡방향에 비해 매우 큰 + 값을 갖는 것이 보통이므로 선박의 안정성을 논할 때 종방향으로는 항상 복원성이 있는 것으로 생각해도 좋다.

이제 이 GM 또는 GM_L 을 구해보자. 그림 4.1에서

$$GM = KB + BM - KG \tag{4.1.2-a}$$

또 그림 4.2에서

$$GM_L = KB + BM_L - KG \tag{4.1.2-b}$$

임을 알 수 있다.

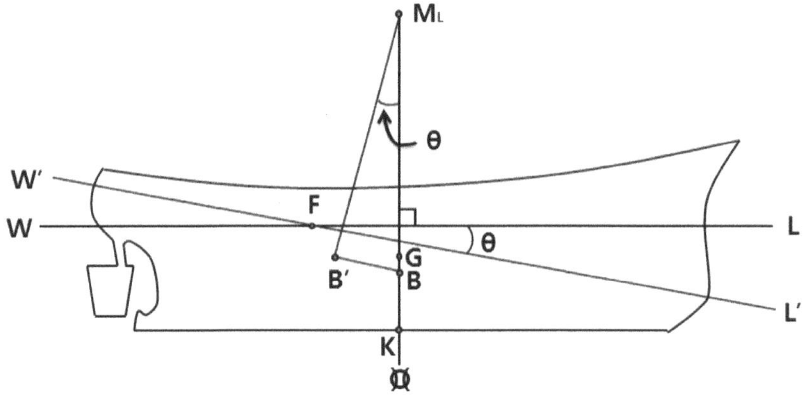

그림 4.2 종메타센타

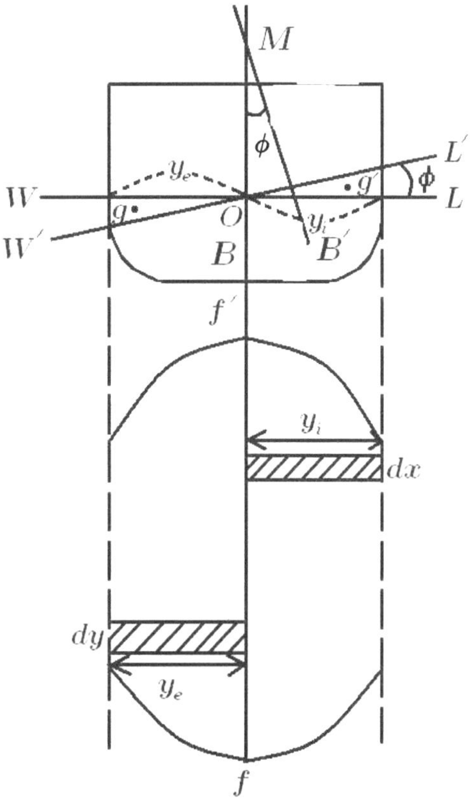

그림 4.3 BM의 계산

먼저BM을 살펴보면 ϕ 경사시 B가B'로 옮기게 되고 이는 WOW' 부분의 물이 $L'OL$부분으로 이동한 것에 의한 결과로 생각할 수 있다. 즉,

$$BB' \times V = \overline{gg'} \times v \tag{4.1.3}$$

단, v는 쐐기모양의 부분의 용적이다.

식 (4.1.3)에서

$$BB' = \frac{v \cdot \overline{gg'}}{V} \tag{4.1.4}$$

한편 그림 4.3에서

$$BB' = BM \times \tan\phi \tag{4.1.5}$$

노출체적 v_e 는

$$v_e = \int_L \left(\frac{1}{2}y_e \cdot y_e \tan\phi\right) dx \tag{4.1.6}$$

이는 v_i(침하체적)와 같아야 한다.

$$v_i = \int_L \left(\frac{1}{2}y_i \cdot y_i \tan\phi\right) dx \tag{4.1.7}$$

또 $\overline{gg'} = 2\overline{og}$ 이고

$$\overline{og} = \frac{2}{3}y_e \tag{4.1.8}$$

따라서 식 (4.1.5)에서

$$\begin{aligned} BM &= \frac{BB'}{\tan\phi} = \frac{v \cdot \overline{gg'}}{V\tan\phi} \\ &= \frac{1}{\mathrm{V}\tan\phi}\int_L 2 \cdot \frac{2}{3}y_e \times \frac{1}{2}y_e{}^2 \tan\phi\, dx \\ &= \frac{1}{V}\int_L \frac{2}{3}y_e{}^3\, dx \end{aligned} \tag{4.1.9}$$

한편 노출부 수선면의 x축에 대한 2차 모멘트 $I_{xx}{}^e$ 는

$$I_{xx}{}^e = \int_L \frac{y_e{}^3\, dx}{3} \tag{4.1.10}$$

따라서 전체 수선면에 대한 2차 모멘트는

$$I_{xx} = \int_L \frac{2{y_e}^3\,dx}{3} \tag{4.1.11}$$

결국,

$$BM = \frac{I_{xx}}{V} \tag{4.1.12}$$

와 같이 BM을 구할 수 있다.

BM_L도 동일한 방법으로 구하면,

$$\begin{aligned} v \times \overline{gg'} &= v \cdot gF + vFg' \\ &= 2\int_{AP}^{F} (y\,dx \cdot x\tan\theta) \cdot x + 2\int_{F}^{FP} (y\,dx \cdot x\tan\theta)x \\ &= \tan\theta \cdot \left(\int_{AP}^{F} x^2 \cdot 2y\,dx + \int_{F}^{FP} x^2 \cdot 2y\,dx \right) \\ &= \tan\theta \cdot \int_{AP}^{FP} x^2 \cdot 2y\,dx \\ &= \tan\theta \cdot I_L \end{aligned} \tag{4.1.13}$$

따라서

$$BM_L = \frac{I_L}{V} \tag{4.1.14}$$

여기서 I_L은 새 수선면의 부면심 F를 지나는 축 L에 대한 2차 모멘트이다. 만일 수선면의 y축에 대한 2차 모멘트가 I_{yy}이고, 부면심까지의 거리가 $\overline{\otimes F}$ 라면

$$I_{yy} = I_L + A_w \cdot \overline{\otimes F}^{\,2} \tag{4.1.15}$$

이므로

$$BM_L = \frac{I_{yy} - A_w \cdot \overline{\boxtimes F}^{\,2}}{V} \tag{4.1.16}$$

이 된다.

예제 4.1

그림과 같이 원형 실린더가 물에 떠 있다(실린더는 균질체로 비중은 0.6이다). GM을 구하라.

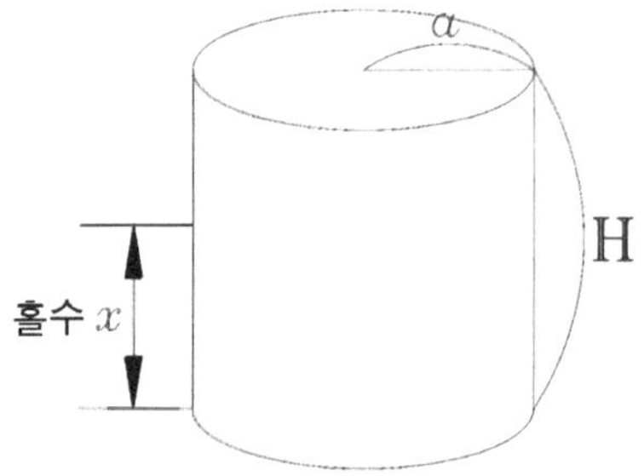

풀 이

먼저 이 실린더의 흘수를 구해야 한다. 흘수를 x라 하면

$\pi a^2 \cdot x = \pi a^2 H \times 0.6$

$\therefore \quad x = 0.6H$

따라서 $KB = 0.3H$임을 알 수 있다.
또 균질체 이므로 $KG = 0.5H$ 이다.
이제 BM을 구하면

$$BM = \frac{I}{V} = \frac{\frac{\pi}{4}a^4}{\pi a^2 \times 0.6H} = \frac{a^2}{2.4H}$$

따라서

$$GM = KB + BM - KG = 0.3H + \frac{a^2}{2.4H} - 0.5H$$

$$= \frac{a^2}{2.4H} - 0.2H = \frac{a^2 - 0.48H^2}{2.4H}$$

답 : $GM = \dfrac{a^2 - 0.48H^2}{2.4H}$

예제 4.2

그림과 같이 균질 실린더가 수평으로 물에 떠 있다(비중은 0.5). GM을 구하라.

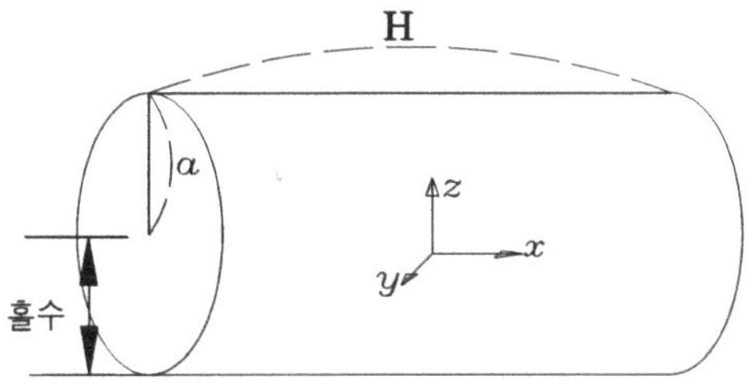

풀 이

먼저 흘수를 구하면 비중이 0.5이므로 $x = a$이다.

따라서

$$KB = a - \frac{4a}{3\pi} = \frac{(3\pi - 4)a}{3\pi}$$

$$KG = a$$

$$BM = \frac{I_{xx}}{V} = \frac{\frac{1}{12}H \cdot (2a)^3}{\frac{1}{2}\pi a^2 \cdot H} = \frac{4a}{3\pi}$$

$$\therefore \quad GM = KB + BM - KG$$

$$= a - \frac{4a}{3\pi} + \frac{4a}{3\pi} - a = 0$$

답 : $GM = 0$

예제 4.2에서 $GM = 0$ 이므로 x 축에 대한 경사에 대해서는 중립이다. 그러나 GM_L은 0이 아니다.

즉,

$$BM_L = \frac{I_{yy}}{V} = \frac{\frac{1}{12} \cdot 2a \cdot H^3}{\frac{1}{2}\pi a^2 H} = \frac{H^2}{3\pi a}$$

$$GM_L = KB + BM_L - KG = a - \frac{4a}{3\pi} + \frac{H^2}{3\pi a} - a$$

$$= \frac{H^2 - 4a^2}{3\pi a}$$

이 GM_L이 0이 되는 조건은 $H = 2a$ 이므로 $H > 2a$ 이면 종방향 안정이다.

예제 4.3

그림과 같이 균질체(비중 0.3)인 통나무가 축을 수평으로 물에 떠있다. 흘수를 구하라.

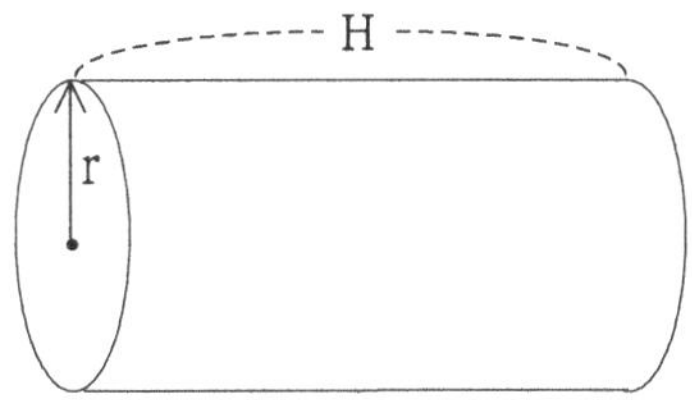

풀 이

흘수를 d라 하고, 빗금 친 부분의 면적을 구하여보자.

$$\text{부채꼴 면적} = \pi r^2 \times \frac{2\theta}{2\pi} = r^2\theta$$

$$\text{삼각형 면적} = \frac{1}{2} r\cos\theta \times (2r\sin\theta) = r^2 \sin\theta\cos\theta$$

빗금 친 부분 면적 $= r^2\theta - r^2\sin\theta\cos\theta = r^2(\theta - \sin\theta\cos\theta)$

아르키메데스 원리에 의해

$$\rho g \cdot r^2(\theta - \sin\theta\cos\theta) = \pi r^2 \times 0.3 \times \rho g$$

$$\therefore\ \theta - \sin\theta\cos\theta = 0.3\pi$$

$$\theta - \frac{1}{2}sin2\theta = 0.3\pi$$

$$\frac{1}{2}(2\theta - \sin 2\theta) = 0.3\pi$$

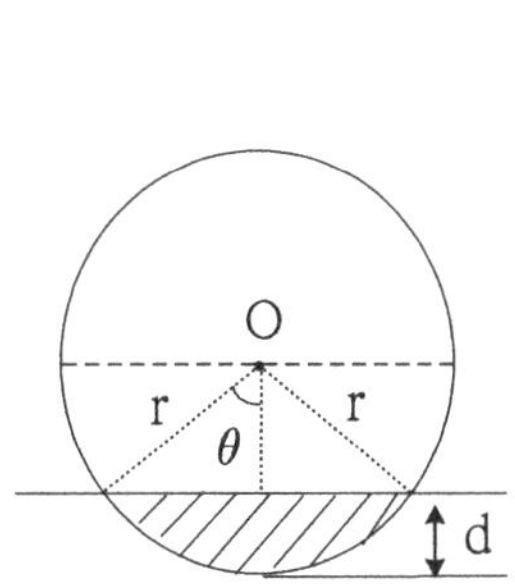

$2\theta = \alpha$라면,

$$\alpha - \sin\alpha = 0.6\pi$$

근사적으로, $\sin\alpha \fallingdotseq 1 - \frac{\alpha^3}{3!}$

$$\therefore\ \alpha - (\alpha - \frac{1}{6}\alpha^3) = 0.6\pi$$

$$\frac{1}{6}\alpha^3 = 0.6\pi$$

$$\alpha = 2.245\,rad = 128.61°$$

따라서,

$$흘수\ d = r - r\cos\left(\frac{\alpha}{2}\right) = r - r \cdot \cos(64.3)$$
$$\fallingdotseq 0.566\,r$$

답 : $d \fallingdotseq 0.566\ r$

이상과 같이 구한 BM(또는 BM_L)을 횡(또는 종) 메타센터 반경(Metacentric radius)라고 한다. 또 GM(또는 GM_L)을 초기 횡(또는 종) 메타센터 높이(Initial metacentric height)라 한다.

메타센터 M_ϕ는 부심 B_ϕ 위치에 의해 정해지며 B_ϕ는 흘수선 아래 선체형상에 의해 정해진다. 즉 M_ϕ 위치를 바꾸려면 수면하 선체형상을 바꿔야 한다.

예제 4.4

길이 10 m, 폭 2 m, 흘수 1 m인 Box barge 두 개를 판으로 연결하여 쌍동선을 만들었다(중심 간격은 6 mm). 그 결과 새 흘수는 1.2 m가 되었다. 이 쌍동선의 KM을 구하라.

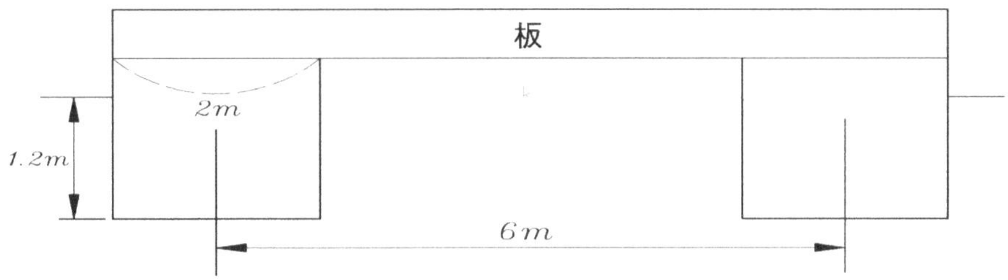

풀 이

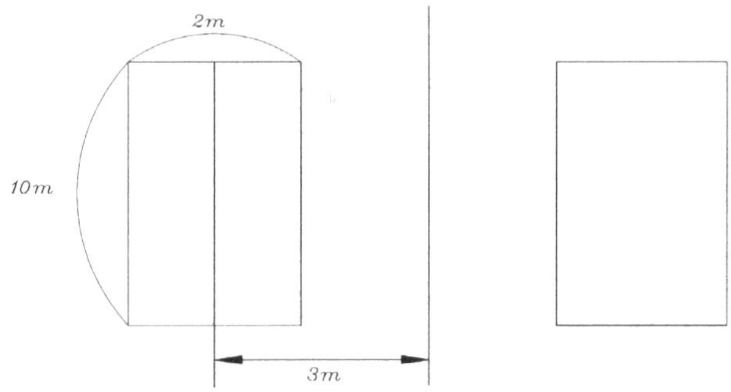

$KM = KB + BM$ 에서,

$KB = 0.6\ m$ 이고

$$BM = \frac{I}{V} = \frac{\left(\frac{2^3 \times 100}{12} + 10 \times 2 \times 3^2\right) \times 2}{(1.2 \times 2 \times 10) \times 2} = 7.78$$

$\therefore\ KM = 8.38\ m$

답 : $KM = 8.38\ m$

예제 4.5

그림과 같이 한 변의 길이 a인 정사각형 단면의 목재(균질, 비중 0.5)가 물에 떠 있다. GM을 구하라.

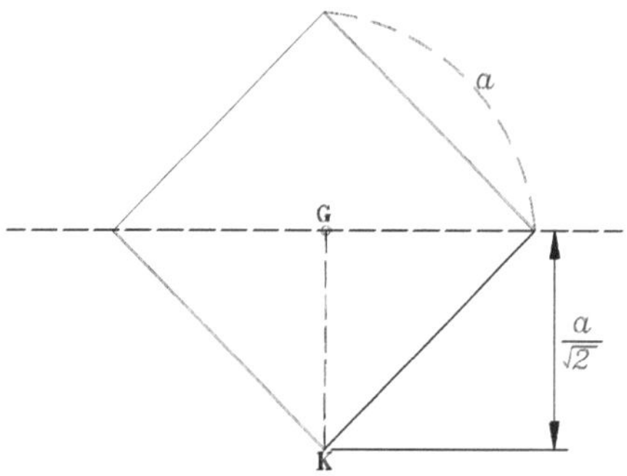

풀 이

$GM = KB + BM - KG$에서,

$$KG = \frac{1}{\sqrt{2}}a$$

$$KB = \frac{1}{\sqrt{2}}a \times \frac{2}{3} = \frac{\sqrt{2}}{3}a$$

$$BM = \frac{I}{V} = \frac{\frac{1}{12}\left(2 \times \frac{a}{\sqrt{2}}\right)^3 \times L}{\frac{a}{\sqrt{2}} \times \frac{a}{\sqrt{2}} \times \frac{1}{2} \times 2 \times L} = \frac{\frac{\sqrt{2}}{6}a^3}{\frac{a^2}{2}} = \frac{\sqrt{2}}{3}a$$

$$\therefore \quad GM = \frac{\sqrt{2}}{3}a + \frac{\sqrt{2}}{3}a - \frac{1}{\sqrt{2}}a = \left(\frac{2\sqrt{2}}{3} - \frac{1}{\sqrt{2}}\right)a$$

답 : $GM = \left(\frac{2\sqrt{2}}{3} - \frac{1}{\sqrt{2}}\right)a$

예제 4.6

그림과 같이 한 변이 a 인 정사각형 단면의 목재(균질체, 비중 0.5)가 물에 떠있을 때 GM을 구하라.

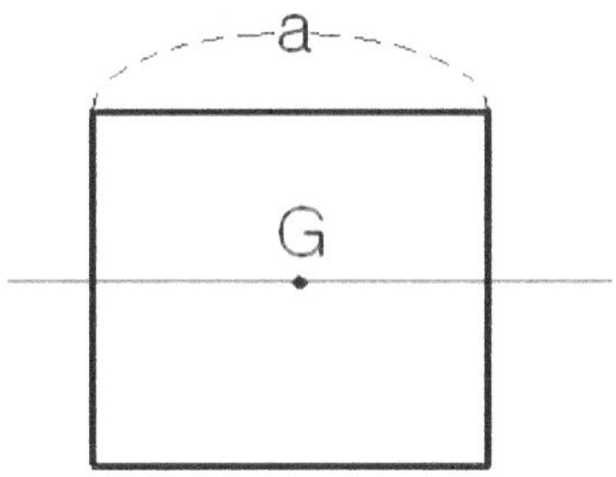

풀 이

$GM = KB + BM - KG$에서

$$KG = \frac{1}{2}a$$

$$KB = \frac{1}{4}a$$

$$BM = \frac{\frac{1}{12}a^3 L}{\frac{1}{2}a^2 L} = \frac{1}{6}a$$

$$\therefore \; GM = \frac{1}{4}a + \frac{1}{6}a - \frac{1}{2}a = -\frac{1}{12}a$$

답 : $GM = -\frac{1}{12}a$

예제 4.7

다음 배의 GM을 구하여라. (단, $KG = 3.5\ m$)

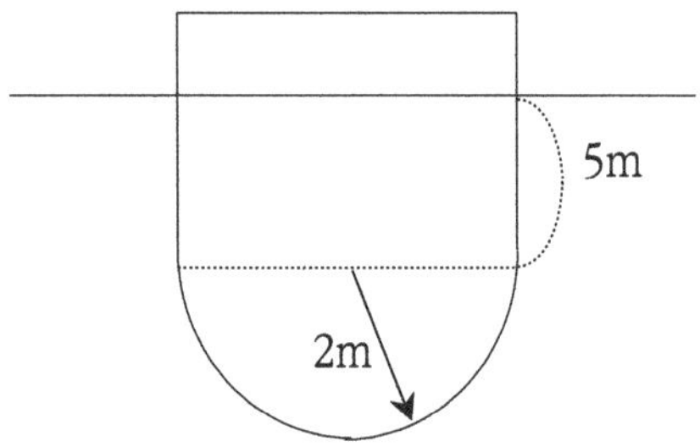

풀 이

$GM = KB + BM - KG$

KB를 구하기 위해 선저부에 새로운 좌표축을 설정한다.

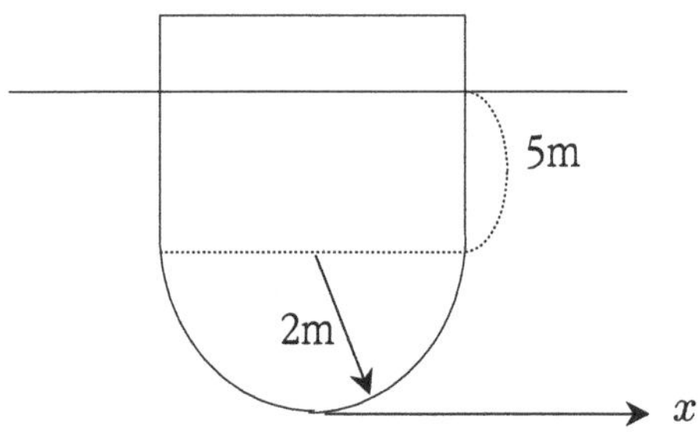

KB는 x축에 대한 침수부의 도심

$$KB\left(\frac{1}{2}\pi(2)^2 + 20\right) = 20(4.5) + \frac{1}{2}\pi(2)^2\left(2 - \frac{8}{3\pi}\right)$$

$\therefore KB = 3.6994$

$$BM = \frac{\frac{1}{12}L(4)^3}{\frac{1}{2}\pi(2)^2 + 20(L)} = 0.2029$$

$$\therefore GM = 3.6994 + 0.2029 - 3.5 = 0.4023\ m$$

답 : $GM = 0.4023\ m$

4.2 경사시험(傾斜試驗, Inclination Test)

선박의 전체적인 무게중심 높이(KG)를 구하기 위해서는 여러 가지 방법이 있다. 그 중 대표적인 것이 경사시험이다. 경사시험이란 인위적으로 선박이 횡경사하도록 하고, 그때 경사각을 잰 뒤 계산에 의해 중심의 상하방향위치(KG)를 알아내는 방법이다.

우선 간단한 방법으로 그림 4.4과 같이 갑판상의 화물 w를 횡으로 l_y 만큼 움직여 배가 ϕ_0 만큼 경사했다면 이 ϕ_0를 계측하고 화물 w의 무게, 움직인 거리 l_y, 배 전체의 무게 W를 안다고 할 때,

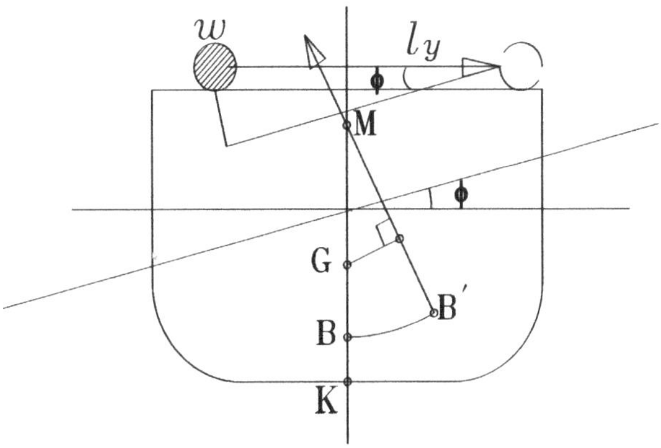

그림 4.4 경사시험

$$GZ \cdot W = w(l_y \cos\phi_0) \tag{4.2.1}$$

한편

$$GZ = GM \sin\phi_0 \tag{4.2.2}$$

따라서

$$GM = \frac{w \cdot l_y}{W \cdot \tan\phi_0} \tag{4.2.3}$$

에 의해 GM을 구할 수 있다.

이 때

$$KG = KB + BM - GM \tag{4.2.4}$$

이고, KB, BM은 수면하 선체형상이 정해지면 계산으로 구할 수 있으므로 GM을 알면 결국 KG값을 알아낼 수 있다.

다음으로 원래 배수량 W 인 배에 새로 중량 w 인 물건을 실어서 배를 경사시키는 경우, 원래 배의 KG를 구하는 방법을 알아보면

우선 선체중앙에 w를 싣기로 하면 갑판높이를 D라 할 때

$$D = h + KG \tag{4.2.5}$$

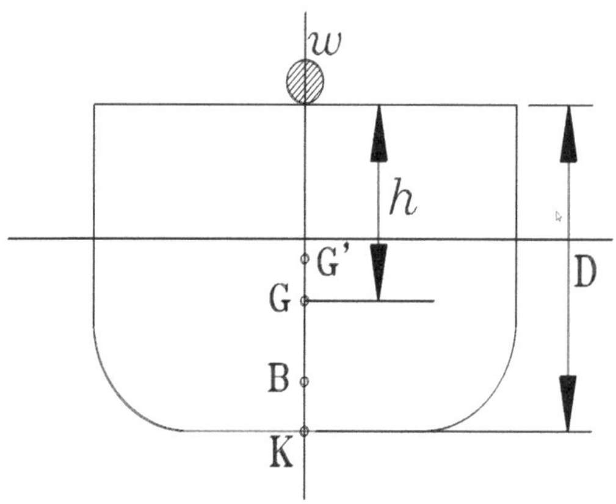

그림 4.5 경사시험 (a)

이고, h는 G에서 w까지의 수직거리가 된다. 이 때 K에 대한 중량 1차 모멘트를 구하면

$$KG \times W + (KG + h) \times w = (KG + GG')(W + w) \tag{4.2.6}$$

$$GG' = \frac{w \cdot h}{W + w} \tag{4.2.7}$$

이제 w를 횡으로 l_y만큼 움직이면

$$G'M' = \frac{w \cdot l_y}{(W + w)\tan\phi_0} \tag{4.2.8}$$

$$G'M' = KB' + B'M' - KG' = KB' + \frac{I'}{V+v} - (KG + GG') \text{ 에서}$$

$$KG = KB' + \frac{I'}{V+v} - \frac{w(D - KG)}{W + w} - \frac{w \cdot l_y}{(W + w)\tan\phi_0} \tag{4.2.9}$$

와 같이 하여 KG를 구할 수 있다. 여기서 I'는 새로운 수선면에 대한 2차 모멘트이다.

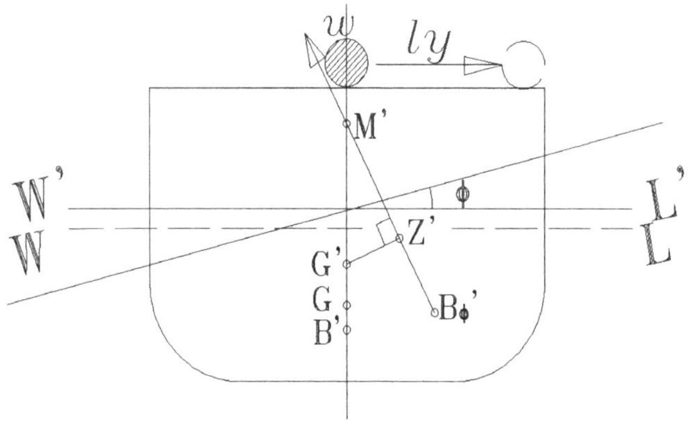

그림 4.6 경사시험 (b)

예제 4.8

길이 100 m, 폭 20 m, 흘수 5 m인 Box barge가 해수에 떠 있다($KG=7\ m$). 이제 선체 중앙에서 기선으로부터 10 m, 중심선에서 횡방향 8 m인 곳에 100 ton의 화물을 새로 실을 때 횡경사각 ϕ_0를 구하라.

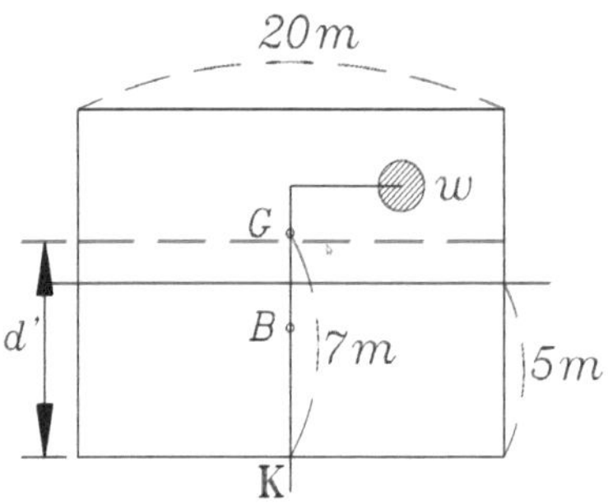

풀 이

우선 새 흘수를 구하면

$$d' \times 100 \times 20 \times 1.025 \times 1000$$
$$= 5 \times 100 \times 20 \times 1.025 \times 1000 + 100 \times 1000$$

$$\therefore \quad d' = 5.0488 \quad m$$

$$\therefore \quad KB' = 2.5244 \quad m$$

$$I' = \frac{20^3 \times 100}{12} = 66666.667$$

$$V + v = d' \times 20 \times 100 = 10097.6$$

$$\therefore \quad B'M' = \frac{66666.667}{10097.6} = 6.602$$

따라서 (4.2.9)식에 의해

$$7 = 2.5244 + 6.602 - \frac{100 \times (10-7)}{10097.6 \times 1.025} - \frac{100 \times 8}{10097.6 \times 1.025 \tan\phi}$$

$$\frac{800}{10350 \times \tan\phi} = 2.0974$$

$$\therefore \quad \tan\phi = 0.0368$$

$$\phi = 2.11°$$

답 : $\phi_0 = 2.11°$

4.3 횡경사(橫傾斜)

4.3.1 화물의 이동에 의한 횡경사

그림 4.7과 같이 직립시 배수량 W 로 떠 있는 선박에서 중량 w 가 횡으로 l 만큼 움직이면 무게중심 G 도 G' 로 이동하고, 선체가 경사하여 중력과 부력에 의한 모멘트가 0이 되는 곳에서 정지한다.

$$W \cdot GG' = w \cdot l \tag{4.3.1}$$

$$GG' = GM\tan\phi \tag{4.3.2}$$

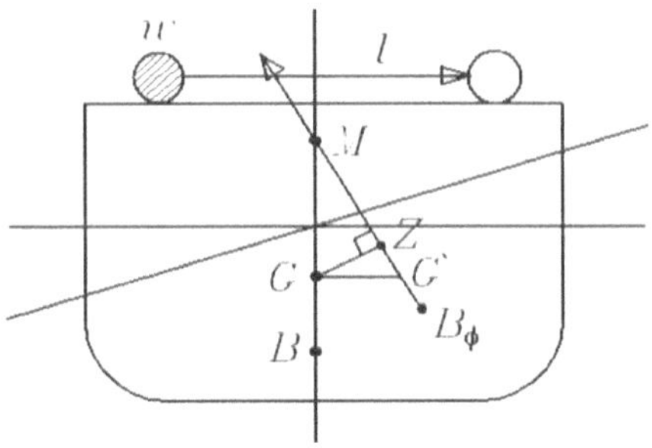

그림 4.7 화물의 이동에 의한 횡경사

따라서

$$\tan\phi = \frac{w \cdot l}{W \times GM} \tag{4.3.3}$$

한편 화물이 이동한 후 현측의 최대흘수, 최소흘수는

$$d_{\max} = d + \frac{B}{2}tan\phi \tag{4.3.4}$$

$$d_{\min} = d - \frac{B}{2}tan\phi \tag{4.3.5}$$

예제 4.9

길이 100 m, 폭 20 m, 흘수 5 m인 Boxbarge가 해수 중에 떠 있다. 갑판상의 중앙에 있는 화물 100 ton을 횡방향으로 8 m 옮겼을 때, 횡경사각 및 최대흘수를 구하라. (단 KG=7.0 m 이다)

풀 이

$$KB = \frac{d}{2} = 2.5m$$

$$BM = \frac{I}{V} = \frac{\frac{1}{12}(100)(20)^3}{(100)(20)(5)} = 6.667\ m$$

$$GM = KB + BM - KG = 2.167m$$

$$\tan\theta = \frac{w \cdot l}{W \cdot GM} = \frac{(100)(9.8)(8)}{(100)(20)(5)(1.024)(9.8)(2.167)} = 0.0361$$

$$\therefore\ \theta = \tan^{-1}(0.0361) = 2.063^{\circ}$$

$$d_{\max} = d + \frac{B}{2}tan\theta = 5 + (10)(0.036) = 5.361\ m$$

답 : 횡경사각 = 2.063° 최대흘수 = 5.361 m

4.3.2 비대칭 화물적재에 의한 횡경사

그림 4.6을 참조하여 생각하자. 화물 w를 선체중심 G(w를 싣기 전의)의 상방 h 되는 곳에, 또 중앙에서 횡으로 l 되는 곳에 싣는다고 하면 1단계로 화물이 좌우대칭이 되게 실려 중심만 G에서 G'로 높아지고(흘수도 d에서 $d+\Delta d$로 커짐), 2단계로 이 w가 횡으로 l만큼 움직여 선체가 ϕ만큼 경사된다고 나누어 생각할 수 있다. 즉,

$$GG' = \frac{w \cdot h}{W + w} \tag{4.3.6}$$

$$\Delta d = \frac{w}{A_w} \tag{4.3.7}$$

여기서 A_w는 수선면적이다. 한편

$$\tan\phi = \frac{w \cdot l}{(W + w)G'M'} \tag{4.3.8}$$

$$BM' = \frac{I'}{V+v} = \frac{\rho I}{W + w} \tag{4.3.9}$$

$$\text{또 } KB' \times (W + w) = W \cdot KB + w\left(d + \frac{\Delta d}{2}\right)$$

따라서

$$G'M' = KB' + B'M' - KG'$$

$$= KB' + \frac{I'}{V+v} - \left(KG + \frac{wh}{W + w}\right)$$

$$KB' \bullet (\overline{W} + w) = KB \bullet (\overline{W} + (d + \frac{1}{2}\Delta d)w \text{를 사용하면}$$

$$\fallingdotseq \left(\frac{1}{W + w}\right) \times \left\{W \cdot KB + w\left(d + \frac{\Delta d}{2}\right) + \rho I - KG(W + w) - wh\right\} \tag{4.3.10}$$

이 때 최대흘수는

$$d'_{MAX} = d' + \frac{B}{2}tan\phi \tag{4.3.11}$$

4.3.3 구획침수에 의한 횡경사

횡구획실의 침수에 의한 횡경사

그림 4.8과 같이 최초 수선 WL이고 수선면적 A_w, 배수량 W, 부심 B, 중심 G인 선박에 침수구역이 생겨 그 구역의 수선면적을 a, 부력소실용적을 v, 그 중심을 b라 하면 새로운 수선면적은 $(A_w - a)$가 되고 부면심은 F가 된다.

부면심과 선체 중심선 사이 거리를 $\bar{y}$라 하자. 침입한 물을 배의 밖에 있다고 보면, W 및 G는 변하지 않는다. 이 때 소실된 부력($\rho g v$)을 보충하기 위해 선체가 균일 침하하여 평형($W = \rho g v$)을 이루려면

$$(A_w - a)\Delta d = v \tag{4.3.12}$$

라야 한다. 여기서 Δd는 일정 침하량이다.
따라서

$$\Delta d = \frac{v}{A_w - a} \tag{4.3.13}$$

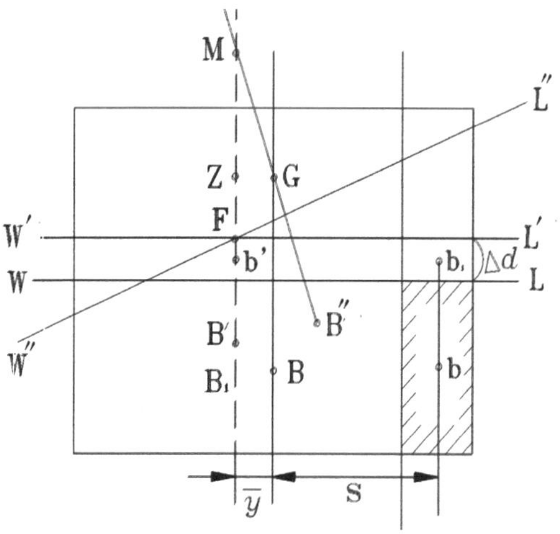

그림 4.8 구획침수에 의한 횡경사

과 같이 흘수 증가량을 구할 수 있다. 이러한 계산법을 부력 소실법이라 한다.

한편 동일한 계산을 중량 부가식 계산법으로도 할 수 있다. 즉 선체구획에 침수된 물을 선체에 적재하는 화물로 생각하여

$$\rho(v + a\Delta d) = \rho A_w \cdot \Delta d \tag{4.3.14}$$

즉

$$\Delta d = \frac{v}{A_w - a} \tag{4.3.15}$$

가 되고 이는 식 (4.3.13)과 동일하다.

한편 구획 침수시 내부가 비어있지 않고 물건들이나 화물(곡류, 석탄, ……)들로 채워져 있는 경우 실제 침수는 원체적(v)보다 작은 양이 된다. 그 경우 침수수선 면적도 작아지고 침하량(Δd)도 작아진다. 이 침수율을 μ라 하면

$$\Delta d = \frac{\mu v}{A_w - \mu a} \tag{4.3.16}$$

μ의 계산방법은, 예를 들어 용적 1 m^3인 구획에 석탄이 가득 차있고 그 무게가 0.8 ton인 경우(석탄의 비중은 1.28) 석탄의 순수용적은

$$1\,\text{m}^3 \times \frac{0.8}{1.281} = 0.625\,\text{m}^3$$

이 되고, 따라서 구획 내의 빈 공간은 (1-0.625)m^3 이 된다. 이 경우 침수율은

$$\mu = \frac{1 - 0.625}{1} = 0.375$$

가 된다.

다시 식 (4.3.12)으로 돌아가서 일정침하 Δd에 의해 수선은 $W'L'$가 된다. 다음으로 수선 $W'L'$의 부면심을 F라 하고 $W'L'$과 WL사이에 끼인 부분의 용적 중심을 b'라 하면

$$\bar{y} \times (A_w - a) = s \times a \tag{4.3.17}$$

여기서 s는 선체 중심선에서 b까지의 거리이다. 또

$$BB_1 \times V = b_1 b' \times v = (s + y) \times v \tag{4.3.18}$$

$$\therefore b_1 b' = (s + y)$$

$$\therefore \quad BB_1 = \frac{v \cdot b_1 b'}{V} = \frac{a(s + \bar{y})}{A_w} \text{ (箱船의 경우)} \tag{4.3.19}$$

$$(v = a \cdot d, \ V = A_w \cdot d)$$

$$B_1 B' = \frac{v \cdot bb_1}{V} = \frac{a\, bb_1}{A_w} \text{ (箱船의 경우)} \tag{4.3.20}$$

한편 중력 W 는 G를 지나 연직방향으로, 부력 $\rho g V$는 B'를 지나 연직 상방으로 작용하므로 결국 부심은 B''가 되면서 선체는 ϕ만큼 경사하게 된다. G에서 $B'M$에 수선을 내려 Z라 하면 $GZ = BB_1$이고

$$\tan\phi = \frac{GZ}{ZM} = \frac{BB_1}{ZM} = \frac{v \cdot b_1 b'}{V \cdot ZM} = \frac{1}{ZM}\frac{a(s + \bar{y})}{A_w}$$

한편,

$$s = \frac{(A_w - a)}{a}\bar{y} \ \text{ 이므로 } \ s + \bar{y} = \frac{A_w \cdot \bar{y}}{a}$$

따라서

$$\tan\phi = \frac{1}{ZM} \cdot \frac{a}{A_w} \cdot \frac{A_w \cdot \bar{y}}{a} = \frac{\bar{y}}{ZM} \tag{4.3.21}$$

또,

$$ZM = KB + B_1 B' + B'M - KG \tag{4.3.22}$$

에서 B_1B' 는 식 (4.3.20)으로 구해지고, $B'M$은 수선면 $(A_w - a)$를 부면심 F를 지나는 축에 대한 2차 모멘트 $_F I_{A_w - a}$를 구해 이를 V로 나누면 얻어진다.

KB, KG는 원래 배의 값으로 알고 있는 값이므로 결국 ZM을 구할 수 있다. 또 $\bar{y}$도 식 (4.3.17)로 구할 수 있으므로 경사각 ϕ를 구할 수 있게 된다. 이 경우 좌우 흘수를 구하면

$$우현흘수= d + \Delta d + \left(\frac{B}{2} + \bar{y}\right)\tan\phi \tag{4.3.23}$$

$$좌현흘수= d + \Delta d - \left(\frac{B}{2} - \bar{y}\right)\tan\phi \tag{4.3.24}$$

이 두 흘수는 현측을 따라 잰 흘수이고 실제로 배의 경사시 흘수는 이 값에 $\cos\phi$를 곱해야 한다.

예제 4.10

길이 100 m, 폭 20 m, 흘수 5 m인 箱船이 해수 중에 떠있다. 배의 중심은 기선으로부터 7 m에 있다. 선체 중앙의 좌현에 있는 길이 20 m, 폭 2 m의 빈 수밀구획에 구멍이 생겨 해수가 들어올 때, 횡경사각과 양현의 흘수를 구하라.

풀 이

침수에 의한 흘수 변화 계산.

$$KB = \frac{d}{2} = 2.5\ m\ ,\ A_W = LB = 2000\ m^2\ ,\quad KG = 7\ m$$

소실부력의 용적 $v = lbd = 20 \times 2 \times 5 = 200\ m^3$

침수단면의 수평단면적 $a = 20 \times 2 = 40\ m^2$

식(4.3.15)에 의해 $\Delta d = \dfrac{v}{A_W - a} = 0.102\ m$

ZM 계산

식 (4.3.17)에 의해 $\bar{y} = BB_1 = s\dfrac{a}{A_W - a} = 0.1837\ m$

식 (4.3.20)에 의해 $B_1B' = bb_1\dfrac{a}{A_W} = \left(\dfrac{d}{2} - \dfrac{\Delta d}{2}\right)\dfrac{a}{A_W} = 0.051\ m$

${}_F I_{A_W - a} = 63348\ m^4$

$\therefore B'M = \dfrac{{}_F I_{A_W - a}}{V} = 6.3348\ m$

$\therefore ZM = KB + B_1B' + Bc'M - KG = 2.5 + 0.051 + 6.3348 - 7$

$= 1.8858\ m$

$\tan\phi = \dfrac{\bar{y}}{ZM} = 0.0974$

$\therefore \phi = 5.564^\circ$

식 (4.3.23)과 (4.3.24)에 의해

우현흘수$= d + \Delta d + \left(\dfrac{B}{2} + \bar{y}\right)\tan\phi = 5 + 0.102 + (10 + 0.1837)\tan\phi$
$= 6.094\ m$

좌현흘수$= d + \Delta d - \left(\dfrac{B}{2} - \bar{y}\right)\tan\phi = 5 + 0.102 - (10 - 0.1837)\tan\phi$
$= 4.146\ m$

답 : $\phi = 5.564^\circ$, 좌현흘수 $4.146\ m$, 우현흘수 $6.094\ m$

4.4 종경사(縱傾斜)

4.4.1 Trim

선수흘수와 선미흘수의 차를 Trim(종경사)라 하고, 기호 t를 쓰며 단위는 cm로 한다.

$$즉,\ t\,(\mathrm{cm}) = d_a - d_f \tag{4.4.1}$$

선미흘수가 선수흘수보다 클 때를 선미트림(Trim by stern)이라 하고 (+) 값으로 쓴다. 반대로 선수흘수가 더 클 때를 선수트림(Trim by bow)라 하고 (−) 값을 쓴다.

한편 %Trim값을 사용하는 경우도 있다.

$$\%\mathrm{trim} = \frac{d_a - d_f}{d_m} \times 100 \tag{4.4.2}$$

여기서 d_m은 평균 흘수 값이다.

한편 Trim 변화란 용어는 최초의 Trim에서 새로운 Trim이 생겼을 때 전체의 변화를 일컫는다. 기호로는 t_c(Trim change)를 쓴다.

예를 들어 처음에 $d_a = 335\ cm$, $d_f = 370\ cm$인 배가 나중에 $d_a = 440\ cm$, $d_f = 350\ cm$가 되었다면

$$최초의\ \mathrm{Trim}은\ t_1 = 335 - 370 = -35\ cm$$

$$최종\ \mathrm{Trim}은\ t_2 = 440 - 350 = 90\ cm$$

따라서 Trim 변화량 t_c는

$$t_c = t_2 - t_1 = 90 - (-35) = 125\ cm$$

4.4.2 화물이동에 의한 종경사

갑판 위에 이미 있는 화물 w를 l만큼 움직여 배가 θ만큼 종경사할 경우를 생각하자. 이때 부심은 B에서 B'로, 중심은 G에서 G'로 이동하고, 몰수된 체적의 중심을 g, 드러난 부분의 체적중심을 g'라 하면 $GG' \,//\, gg'$이다.

또

$$GG' \cdot W = w \cdot l \qquad (4.4.3)$$

$$GG' = GM_L \cdot \tan\theta \qquad (4.4.4)$$

따라서

$$\tan\theta = \frac{w \cdot l}{W \cdot GM_L} \qquad (4.4.5)$$

한편

$$\delta_a = \left(\frac{L}{2} + \boxtimes F\right)\tan\theta \qquad (4.4.6)$$

$$\delta_f = \left(\frac{L}{2} - \boxtimes F\right)\tan\theta \qquad (4.4.7)$$

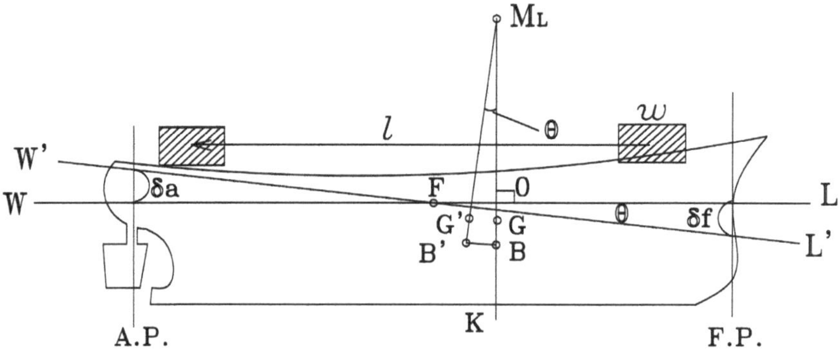

4.9 화물이동과 종경사

Trim change t_c는 δ_f가 (-)값이므로

$$t_c = \delta_a - (-\delta_f) = L\tan\theta \tag{4.4.8}$$

따라서

$$\tan\theta = \frac{t_c}{L} \tag{4.4.9}$$

이 식에서 t_c의 단위는 m이다. 그러나 t_c는 보통 cm으로 나타내므로

$$\tan\theta = \frac{t_c}{100\,L} \tag{4.4.10}$$

로 표기할 수 있다.

(4.4.10)식에서

$$t_c = 100\,L \times \frac{w \cdot l}{W \cdot GM_L} \fallingdotseq 100\,L \times \frac{w \cdot l}{\rho g\, V BM_L}$$

$$= 100\,L \times \frac{w \cdot l}{\rho g\, V \cdot \dfrac{I_L}{V}} = 100\,L \times \frac{w \cdot l}{\rho g\, I_L}\,(cm) \tag{4.4.11}$$

ρg = 1ton 중$/m^3$로 가정하면

$$t_c = 100\,L \times \frac{w \cdot l}{I_L} \tag{4.4.12}$$

여기서 $t_c = 1\ cm$일 때의 $w \cdot l$값(모멘트 단위)을 MTC(Moment to change trim 1cm)라 한다.

$$\tan\theta = \frac{t_c}{100L} = \frac{w \cdot l}{W \cdot GM_L}$$

$$\therefore w \cdot l = \frac{W \cdot GM_L}{100 \cdot L} \times t_c$$

↑

$1cm$때 $wl = MTC$ 이다.

$$\text{즉, MTC} = \frac{W \cdot GM_L}{100L} \tag{4.4.13}$$

$$\fallingdotseq \frac{\rho g I_L}{100L} \quad (\rho g = 1ton f/m^3) \tag{4.4.14}$$

또, $GM_L \fallingdotseq BM_L$이라 하면,

$$\text{MTC} = \frac{\rho g}{100L} I_L$$

$$t_c = \frac{w \cdot l}{MTC} \tag{4.4.15}$$

이상의 식들에서 w, W는 모두 ton중이고, L, l은 meter, t_c는 cm단위이다. 이때 MTC는 단위가 ton 중-m가 된다.

이제 전후 흘수변화를 구해보자. 최종흘수 d_a', d_f'는

$$d_a' = d_a + \delta_a$$
$$d_f' = d_f + \delta_f$$

이므로

$$\begin{aligned} d_a' &= d_a + \left(\frac{L}{2} + ⊠F\right) \cdot \tan\theta \\ &= d_a + \left(\frac{L}{2} + ⊠F\right) \cdot \frac{t_c}{100L} \\ &= d_a + \left(\frac{L}{2} + ⊠F\right) \cdot \frac{1}{100L} \cdot \frac{wl}{MTC} \end{aligned} \tag{4.4.15}$$

위 식들에서 $d_a{}'$, d_a는 모두 m 단위이므로 이들을 cm으로 나타내면

$$d_a{}' = d_a + \frac{\left(\frac{L}{2} + \boxtimes F\right)}{L} \times \frac{w\,l}{MTC} \tag{4.4.16}$$

동일하게

$$d_f{}'(cm) = d_f - \frac{\left(\frac{L}{2} - \boxtimes F\right)}{L} \cdot \frac{w \cdot l}{MTC} \tag{4.4.17}$$

예제 4.11

$d_a = 7.55\ m,\ d_f = 7.3\ m,\ MTC = 157$ton 중-$m$, $L = 137.2\ m$, $\boxtimes$F = − 2.6 m인 배의 갑판 상에 있는 화물 100 ton을 20 m 전방으로 옮겼다. $d_a{}'$와 $d_f{}'$를 구하라.

풀 이

식 4.4.16)과 (4.4.17)을 사용하여,

$$d_a{}' = d_a - \frac{\left(\frac{L}{2} - \boxtimes F_1\right)}{100L} \cdot \frac{w\,l}{MTC}$$

$$= 7.55 - \left(\frac{\frac{137.2}{2} - 2.6}{(137.2)(100)}\right)\frac{(100)(20)}{(157)} = 7.4\ m$$

$$d_f{}' = d_f + \frac{\left(\frac{L}{2} + \boxtimes F_1\right)}{100L} \cdot \frac{w\,l}{MTC}$$

$$= 7.3 + \left(\frac{\frac{137.2}{2} + 2.6}{(137.2)(100)} \right) \frac{(100)(20)}{(157)} = 7.37\ m$$

답 : $d_a{}' = 7.49\ m$, $d_f{}' = 7.37\ m$

예제 4.12

위 문제에서 최종 전후부 흘수가 같아지기 위해서는 화물(100 ton중)을 몇 m 전방으로 옮기면 좋은가?

풀 이

$d_a{}' = d_f{}'$

$$7.55 - \left(\frac{\frac{137.2}{2} - 2.6}{(137.2)(100)} \right) \frac{(100)(x)}{(157)} = 7.3 + \left(\frac{\frac{137.2}{2} + 2.6}{(137.2)(100)} \right) \frac{(100)(x)}{(157)}$$

$$\therefore x = 39.25\ m$$

답 : 39.25 m

4.4.3 물의 밀도 변화에 따른 종경사

1. 수선면 형상이 일정한 경우

이 경우는 물의 밀도가 변하더라도 등흘수로 침하나 부상하고, Trim은 생기지 않는다. 어떤 배(주상체)가 배수량 W 이고 밀도 ρ_1 인 유체 중에 흘수 d 로 떠있다고 하자. 이 배가 밀도 d_2 인 유체 중으로 이동하면 흘수변화 Δd 는 다음과 같이 구할 수 있다. 배의 배수량 W 는 변치 않으므로,

$$\rho_1 g V_1 = \rho_2 g V_2 = W \tag{4.4.18}$$

여기서 V_1 은 밀도 ρ_1 인 유체 중에서의 배수용적, V_2 는 밀도 ρ_2 인 유체 중에서의 배수용적이다.

이 때

$$V_1 - V_2 = A_w \times \Delta d \tag{4.4.19}$$

A_w 는 수선면적으로 일정하다고 하자.

$$\therefore \quad \Delta d(m) = \frac{V_1 - V_2}{A_w} = \frac{W}{A_w \cdot g}\left(\frac{1}{\rho_1} - \frac{1}{\rho_2}\right) \tag{4.4.20}$$

여기서 $\rho = \rho_2 = 1.025$ 라 하면

$$\Delta d(cm) = \frac{100\,W}{A_w \cdot g}\,\frac{1}{\rho}\left(\frac{1.025}{\rho_1} - 1\right) \tag{4.4.21}$$

한편 식 (1.3.5)의 TPC를 이용하면

$$\Delta d(cm) = \frac{W}{\mathrm{TPC}}\left(\frac{1.025}{\rho_1} - 1\right) \tag{4.4.22}$$

$$= \frac{W}{\mathrm{TPC}} \times K = 100\,d \cdot K \cdot C_{vp} \tag{4.4.23}$$

예를 들어 하천($\rho_1 = 1.01$)에서 바다로 들어온 배($C_{vp} = 0.9$)의 경우 $\Delta d = -0.0135d$가 된다(흘수가 감소한다).

2. 수선면적이 변화할 때

선박과 같이 각 흘수에 따라 수선면적과 모양이 바뀌는 경우(일반적으로 선미쪽의 선형이 뚱뚱하다) 물의 밀도 변화에 따라 흘수가 바뀌면 종경사가 수반된다.

그림 4.10과 같이 수선 WL에서 $W'L'$로 일정하게 침하한 후(1단계), 다시 종경사 $W''L''$하는 것으로 (2단계) 나누어 생각한다.

1단계에서 흘수변화는 앞에서 구한

$$\Delta d\,(\mathrm{m}) = \frac{W}{A_w g}\left(\frac{1}{\rho_1} - \frac{1}{\rho_2}\right)$$

이고, 2단계로 일정 침하시 WL과 $W'L'$ 사이의 용적 변화량 v는

$$v = \frac{W}{g}\left(\frac{1}{\rho_1} - \frac{1}{\rho_2}\right) \tag{4.4.24}$$

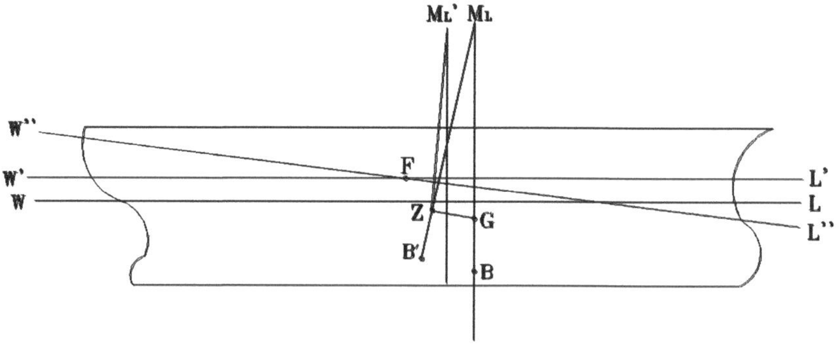

그림 4.10 밀도변화로 인한 종경사

또,

$$W \cdot GZ = \rho_1 g V \cdot GZ = \rho_2 g(V+v)GZ = g\rho_2 vl \tag{4.4.25}$$

여기서 l은 B와 F 사이의 수평거리이다.

종메타센터를 M_L, $W'L'$에서 종메타센터를 M_L', 경사각을 θ, Trim change를 t_c라 하면

$$\tan\theta = \frac{t_c}{100L} = \frac{GZ}{ZM_L'} \quad \left(4.4.25\text{식에 의해 } GZ = \frac{g\rho_2 vl}{g\rho_2(V+v)}\right)$$

$$= \frac{g\rho_2 vl}{g\rho_2(V+v)ZM_L'} = \frac{g\rho_2 vl}{W \cdot ZM_L'} \tag{4.4.26}$$

$$(\ g\rho_2(V+v) = W \text{ 이므로 })$$

ZM_L' 대신 GM_L을 사용해도 무방하다.

$$\therefore t_c = 100L \cdot \frac{g\rho_2 vl}{W \cdot ZM_L'} = \frac{g\rho_2 vl}{\dfrac{W \cdot GM_L}{100L}} \tag{4.4.27}$$

$$= \frac{g\rho_2 vl}{MTC} = \frac{\rho_2 g \dfrac{W}{g}\left(\dfrac{1}{\rho_1} - \dfrac{1}{\rho_2}\right)}{MTC} \tag{4.4.28}$$

이상과 같이 t_c가 구해지면 앞서 설명한 방법으로 전·후부 흘수를 구할 수 있다.

예제 4.13

길이 137.2 m인 화물선이 후부흘수 710 cm, 전부흘수 690 cm로 밀도 1.022인 해수에 떠있다. 이 배가 밀도 1.008인 강에 도착할 때 전후흘수를 구하라.

단, 평균흘수 7 m에 있어서 배수량은 12130 ton, TPC=19.96 ton, MTC= 148.3 ton-m, 부심은 ⊠F의 후방 0.2 m에 있고 부면심은 ⊠F의 후방 1.96 m인 곳에 있다.

풀 이

① 해수밀도 변화에 따른 선박의 흘수 변화

해수 1.022일 때의 배수용적 V_1 계산

$$(1.022)(9.8)V_1 = (12130)(9.8) \qquad \therefore V_1 = 11868.885\ m^3$$

해수 1.008일 때의 배수용적 V_2 계산

$$(1.008)(9.8)V_1 = (12130)(9.8) \qquad \therefore V_2 = 12033.730$$

$$\triangle V = V_2 - V_1 = 164.88\ m^3$$

② $\triangle d$ 계산

$$TPC = (1.022)(9.8)A_W(0.01) = 19.96(9.8) \qquad \therefore A_W = 1953.033\ m^2$$

$\triangle V = A_W \triangle d$ 이므로

$$\triangle d = \frac{\triangle V}{A_W} = \frac{164.88}{1953.033} = 0.0844\ m$$

③ 물의 밀도변화에 따른 t_c 계산

$$t_c = \frac{W\left(\frac{\rho_2}{\rho_1} - 1\right)l}{\text{MTC}} = \frac{(12130)(9.8)(\frac{1.022}{1.008} - 1)(1.76)}{148.3(9.8)} = 1.9994$$

④ $$d_a{}' = d_a + \triangle d + \frac{\left(\frac{L}{2} + \otimes F_1\right)}{100L} \cdot t_c$$

$$= 7.1 + 0.0844 - (\frac{137.2}{2} - 1.96)\frac{1.9994}{100(137.2)} = 7.175\ m$$

$$d_f{}' = d_f + \triangle d + \frac{\left(\frac{L}{2} + \otimes F_1\right)}{100L} \cdot t_c$$

$$= 6.9 + 0.0844 + (\frac{137.2}{2} + 1.96)\frac{1.9994}{100(137.2)} = 6.995\ m$$

답 : $d_a{}' = 717.5\ cm \quad d_f{}' = 699.5\ cm$

4.4.4 적화(積貨) 또는 양화(揚貨)에 의한 종경사

선체의 길이 방향으로 화물을 적재하거나, 또는 있던 화물을 내릴 때 흘수가 변하고 종경사가 생긴다. 이때도 1단계로 부면심 상에 적화나 양화가 이루어져 Trim없이 흘수만 변화한다고 생각하고 2단계에서 그 화물이 전후 방향으로 이동했다고 생각하여 종경사를 구하면 된다.

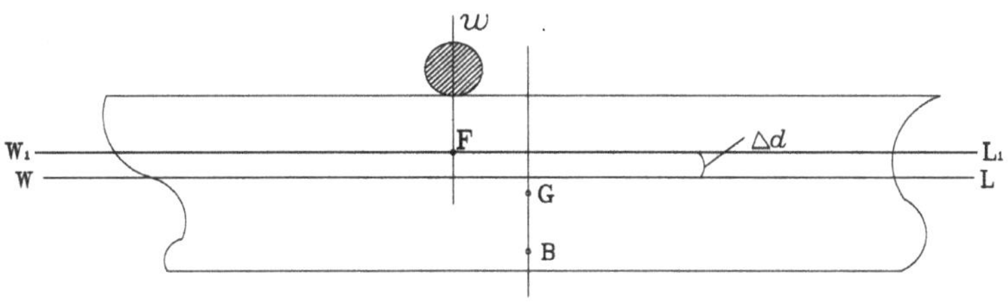

그림 4.11 부심上의 탑재

1. 1단계

원래 수선이 WL이고 화물 w를 부면심 상에 적재하여 균일하게 흘수가 Δd만큼 증가한다고 하자. Δd는 m단위이고 이를 100배하면 흘수변화량은 cm가 되므로 이를 δ_1이라 하자.

$$\delta_1 = 100\Delta d = \frac{w}{\mathrm{TPC}}\ (\mathrm{cm}) \tag{4.4.29}$$

(왜냐하면 $w = A_w \times \Delta d \times \rho g$에서 $100\Delta d = \dfrac{100w}{A_w \cdot \rho g} = \dfrac{w}{\mathrm{TPC}}$이다.)

2. 2단계

화물 w를 부면심상 위치에서 선미 쪽으로 l 만큼 이동시(이때 l 값을 (+)라 하자). 그러면 식 (4.4.12)에서와 동일하게

$$t_c = \frac{wl}{\mathrm{MTC}} \tag{4.4.30}$$

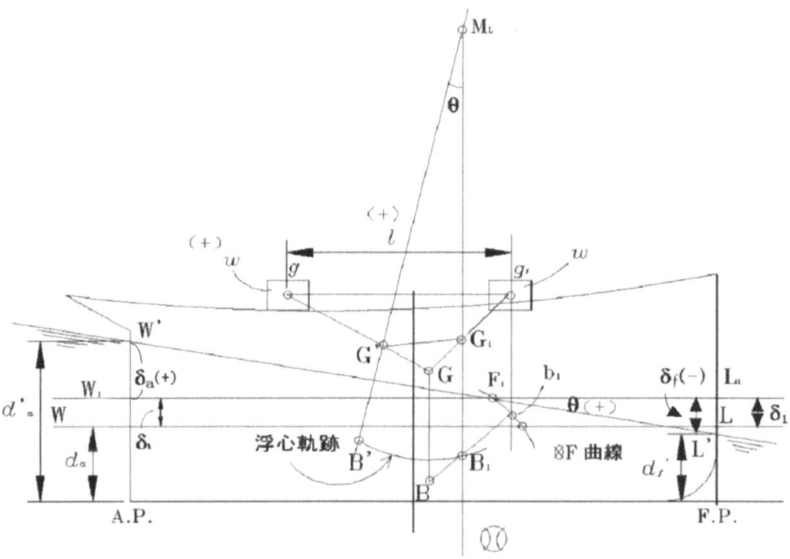

그림 4.12 적화시 트림변화

식 (4.4.16)과 (4.4.17)에서

$$\delta_f(cm) = -\frac{\left(\frac{L}{2} - \boxtimes F_1\right)}{L} t_c = -\frac{\left(\frac{L}{2} - \boxtimes F_1\right)}{L} \frac{w\,l}{\mathrm{MTC}} \tag{4.4.31}$$

$$\delta_a(cm) = \frac{\left(\frac{L}{2} + \boxtimes F_1\right)}{L} t_c = \frac{\left(\frac{L}{2} + \boxtimes F_1\right)}{L} \frac{w\,l}{\mathrm{MTC}} \tag{4.4.32}$$

따라서 최종적인 선수·미 흘수 $d_f{}'$, $d_a{}'$는

$$\begin{aligned} d_f{}'(cm) &= d_f + \delta_1 + \delta_f \\ &= d_f + \frac{w}{\mathrm{TPC}} - \frac{\left(\frac{L}{2} - \boxtimes F_1\right)}{L} \cdot \frac{w\,l}{\mathrm{MTC}} \end{aligned} \tag{4.4.33}$$

$$\begin{aligned} d_a{}'(cm) &= d_a + \delta_1 + \delta_a \\ &= d_a + \frac{w}{\mathrm{TPC}} + \frac{\left(\frac{L}{2} + \boxtimes F_1\right)}{L} \cdot \frac{w\,l}{\mathrm{MTC}} \end{aligned} \tag{4.4.34}$$

여기서 F_1은 W_1L_1 수선에 대응하는 부면심이다.

예제 4.14

길이 100 m, 폭 20 m, 일정흘수 5 m인 箱船이 해수 중에 떠있다. $KG = 7\ m$이다. 지금 1000 ton의 화물을 새로 실을 때(싣는 위치는 배 중앙에서 전방으로 20 m, 기선으로부터 4 m인 곳에 실음) 배의 전후 흘수를 구하라

풀 이

① 화물적재에 의한 흘수 변화 계산

$(1.025)(9.8)(100)(20)(\triangle d) = (1000)(9.8) \quad \therefore \triangle d = 0.4878$

② 화물 적재에 따른 무게 중심의 변화 계산

$$GG' = \frac{w \cdot hh'}{W+w} = \frac{(1000)(7-4)}{10250+1000} = 0.2667\ m$$

$$\therefore KG = 7 - 0.2667 = 6.7333\ m$$

③tanθ 계산

$$GM_L = KB' + B'M_L - KG'$$

$$= \frac{5+0.4878}{2} + \frac{\frac{1}{12}(20)(100)^3}{(100)(20)(5.4878)} - 6.7333$$

$$= 147.8625\ m$$

$$\therefore \tan\theta = \frac{w \cdot l}{W \cdot GM_L} = \frac{(1000)(20)}{11250(147.8625)} = 0.012$$

④ $d_a' = d_a + \triangle d - (\frac{L}{2})\tan\theta = 5 + 0.4878 - (\frac{100}{2})(0.012)$

$= 4.89\ m$

$d_f' = d_f + \triangle d + (\frac{L}{2})\tan\theta = 5 + 0.4878 + (\frac{100}{2})(0.012)$

$= 6.09\ m$

답 : $d_a' = 489\ cm \quad d_f' = 609\ cm$

4.4.5 종구획실 침수로 인한 종경사

이 경우도 횡구획실 침수와 마찬가지로, 1단계로 부력 소실법에 따라 일정 흘수변화를 계산하고 2단계에서는 종경사를 계산한다.

1. 1단계

손상 전 수선이 WL이고 수선면적 A_w, 배수량 W, 배수용적 V, 부심 B, 무게중심 G라 한다. 침수구역 부력소실 용적을 v, 침수 수선면적을 a, v의 중심을 b라 하자.

침수구획을 선체 외부로 간주할 때 수선면적은 $(A_w - a)$가 되고 부면심은 F에서 F_1으로 이동하나 배수량 W 및 중심위치 G는 불변이다.

일정침하량 δ_1(cm)는

$$\delta_1(\text{cm}) = 100\frac{v}{A_w - a} \tag{4.4.35}$$

2. 2단계

수선WL의 부면심을 F_1이라 하고 수선 W_1L_1에서 수면$(A_w - a)$의 부면심을 F'라 하면 $(A_w - a)$ 부분의 양 수선 간 부분의 부심 b'는 F_1과 F'를 잇는 직선의 중점이라 생각할 수 있다. 따라서 B는 B'까지 이동하고

$$BB' \times V = bb' \times v \tag{4.4.36}$$

$$\therefore \quad BB_1 = b_1b'\frac{v}{V} = \frac{vl}{V}$$

$$B_1B' = bb' \times \frac{v}{V}$$

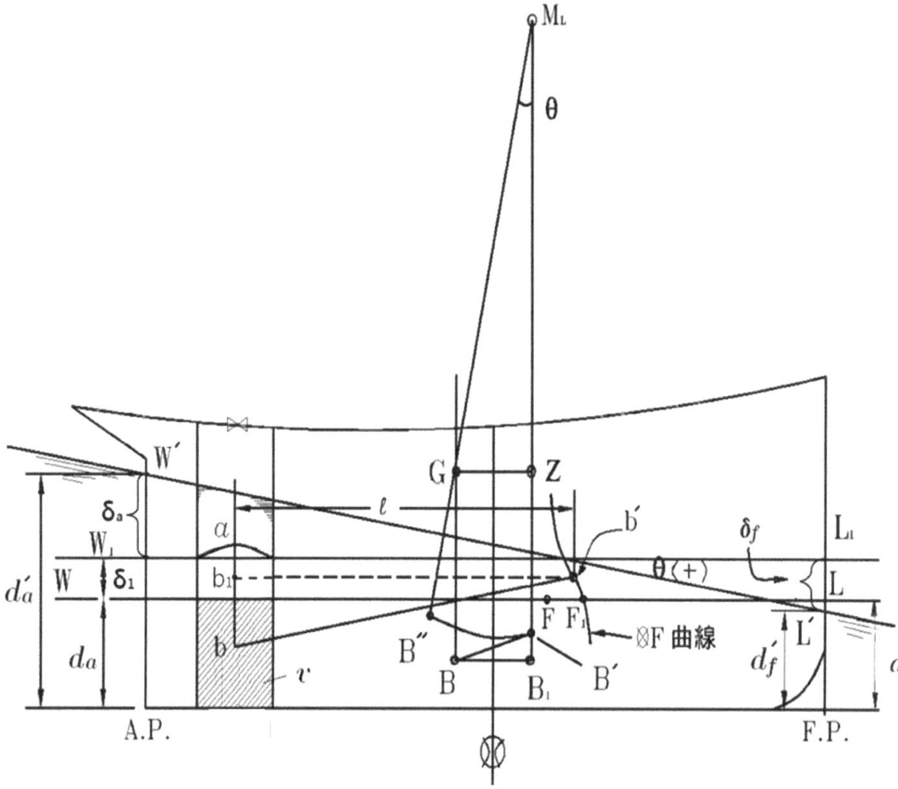

그림 4.13 침수에 의한 종경사

또γ

$$W \times GZ = W \times BB_1 = \gamma V \cdot \frac{vl}{V} = \gamma vl \tag{4.4.37}$$

한편

$$B'M_L = \frac{{}_{F'}I_{(A_w - a)}}{V} \tag{4.4.38}$$

다음으로

$$ZM_L = KB + B_1B' + B'M_L - KG \tag{4.4.39}$$

$$GZ = ZM_L \tan\theta = ZM_L \cdot \frac{t_c}{100\,L} \tag{4.4.40}$$

$$GZ = BB_1 = b_1 b' \frac{v}{V} = \frac{v \cdot l}{V} \tag{4.4.41}$$

결국

$$t_c = \frac{v \cdot l}{\dfrac{V \cdot ZM_L}{100\,L}} = \frac{\gamma \cdot v \cdot l}{\mathrm{MTC}} \tag{4.4.42}$$

여기서 MTC는 수선 $W_1 L_1$의 $(A_w - a)$ 면적에서의 매 센티 트림모멘트이다.

보통 $B'Z$(또는 BG)는 BM_L(또는 GM_L)에 비해 매우 작고, 따라서 근사적으로

$$ZM_L = B'M_L - B'Z \fallingdotseq B'M_L \tag{4.4.43}$$

그러면

$$t_c = 100\,L \cdot \frac{v \cdot l}{V \cdot BM_L} = 100\,L \cdot \frac{v \cdot l}{{}_{F'}I_{(A_w - a)}} \tag{4.4.44}$$

트림변화가 구해지면 최종흘수 $W'L'$에서 전후 흘수를 구할 수 있다.

$$\begin{aligned} d_a'(\mathrm{cm}) &= d_a + \delta_1 + \delta_a \\ &= d_a + \frac{100\,v}{A_w - a} + \frac{\left(\dfrac{L}{2} + \boxtimes F'\right)}{L} \cdot t_c \end{aligned} \tag{4.4.45}$$

$$\begin{aligned} d_f'(\mathrm{cm}) &= d_f + \delta_1 + \delta_f \\ &= d_f + \frac{100\,v}{A_w - a} - \frac{\left(\dfrac{L}{2} - \boxtimes F'\right)}{L} \cdot t_c \end{aligned} \tag{4.4.46}$$

예제 4.15

길이 100 m, 폭 20 m의 箱船이 해수 중에 일정흘수 5 m로 떠있다. 배 중심은 기선으로부터 7 m 상방에 있다. 배의 전단으로부터 4 m 되는 곳에 선수 수밀격벽이 있고 이곳이 침수되었을 때 전·후부 흘수를 구하라.

풀 이

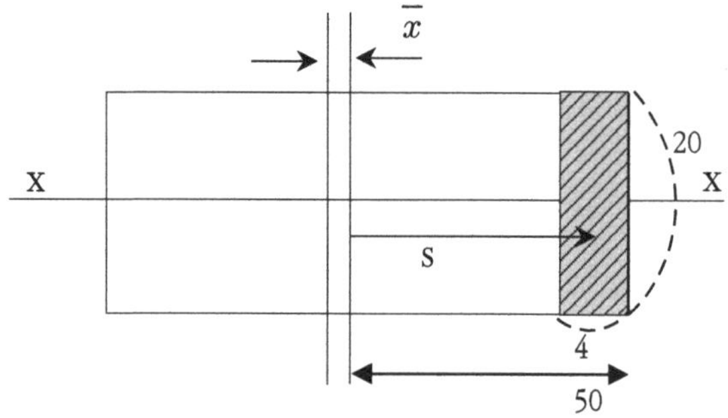

① 침수에 의한 균일 흘수 변화 계산

$\rho g\{(20)(4)(5)+(20)(4)\triangle d\}=\rho g(100)(20)\triangle d$

$\therefore d=0.2083\ m$

② 침수에 의한 부면심의 변화 계산

$(100)(20)-(20)(4)\bar{x}=(20)(4)(50-2)$

$\therefore \bar{x}=2\ m$(선미 쪽으로 이동)

③ ZM_L구하기

$ZM_L = KB+B_1B'+B'M_L-KG$

$$= 2.5 + \frac{(80'4 \times 20 \times 5)(bb' = 2.5 + \frac{0.2083}{2})}{(20)(100) \times 5} + \frac{\frac{1}{12}(20)(96)^3}{(20)(100)(5)} - 7 = 143.06$$

④ $\tan\theta = \frac{\bar{x}}{ZM_L} = \frac{2}{143.06} = 0.014$

⑤ $d_a{}' = d_a + \triangle d - (\frac{L}{2} - \boxtimes F)\tan\theta = 5 + 0.2083 - (\frac{100}{2} - 2)(0.014)$

$= 4.536\ m$

$d_f{}' = d_f + \triangle d - (\frac{L}{2} - \boxtimes F)\tan\theta = 5 + 0.2083 + (\frac{100}{2} + 2)(0.014)$

$= 5.936\ m$

답 : $d_a{}' = 453.6\ cm \quad d_f{}' = 593.6\ cm$

5

복원성(Stability)의 평가)

5.1 복원력(復原力, 復元力, Restoring Force)

5.1.1 안정과 불안정

공학에서 말하는 안정(安定, Stable)이란 어떤 물체가 현재 어떤 상황에 있을 때, 일시적 교란이 가해지더라도 스스로 원래의 상황으로 되돌아오는 능력을 말한다. 예를 들어 그림 5.1과 같이 직립하여 떠있는 배의 경우 한 쪽을 손으로 눌러서 ϕ_0만큼 횡경사 시킨 후, 손을 떼면 보통 선박은 원래의 위치($\phi = 0°$)로 되돌아 온다. 그러나 어떤 특별한 조건 아래에서는, 손을 떼더라도 그 자리에 멈추어 있던지 ($\phi = \phi_0$), 또는 경사가 커지는 경우도 있다. 이와 같이 원래의 상황에서 더 벗어나는 경우를 불안정(不安定, Unstable)이라 하고, 그 자리에 멈춰 있는 경우를 中立(Neutral)이라 한다.

또 다른 예로, 그림 5.2와 같이 일정 속도로 직진하고 있는 선박을 보자. Δt라는 짧은 기간동안 외부로부터의 일시적 교란(Interference, 예를 들어 돌풍, 큰 파도 등)이 가해지면, 어떤 경우는 ①이나 ②처럼 다시 직진운동을 하게 된다. 이때 이 배가 직진운동 안정성이 있다고 하고, ③과 같이 움직인다면 이 배는 더 이상 직진운동을 하지 못하므로 직진운동에 있어서 불안정(침로불안정)이라고 말하게 된다.

재료역학 문제에도, 안정과 불안정의 개념은 동일하다.

예를 들어, 그림 5.3.(a)와 같은 단순지지 column을 보자. 이 column에 작용하는

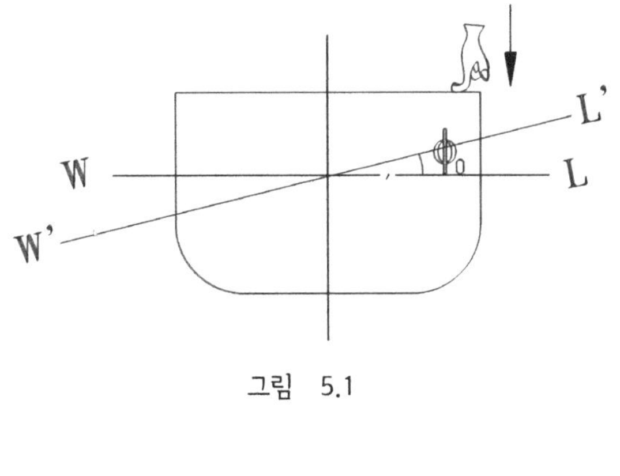

그림 5.1

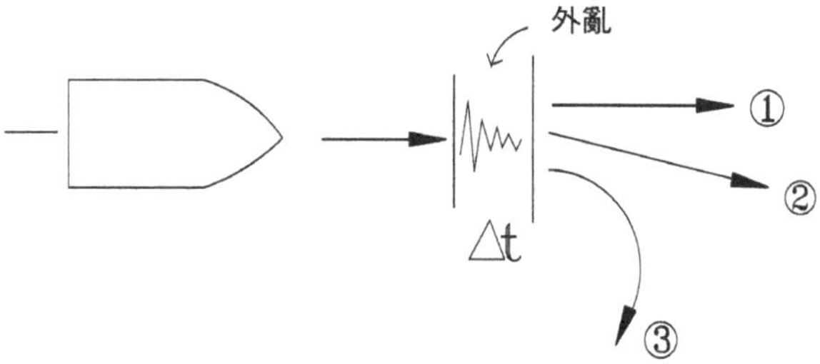

그림 5.2

힘 P가 임계하중 $P_{cr} = \dfrac{\pi^2}{L^2}EI$ 보다 작은 경우에는 이 column은 직선을 유지한다. 이 때 횡 방향으로 힘이 가해지면 column은 약간의 횡 변형이 생기나 횡 방향의 힘이 제거되면 다시 직선을 유지하게 된다. 이런 상황을 안정이라고 한다.

그러나 P가 P_{cr}보다 커지면, 이번에는 횡 방향으로 외력이 추가되면 column이 그림 5.3(b)처럼 횡 방향으로 크게 변형되게 되고, 원래 상태로 돌아오지 않는다. 이 때를 column이 불안정이라 하고, 흔히 이를 Buckling(좌굴) 현상이라 한다.

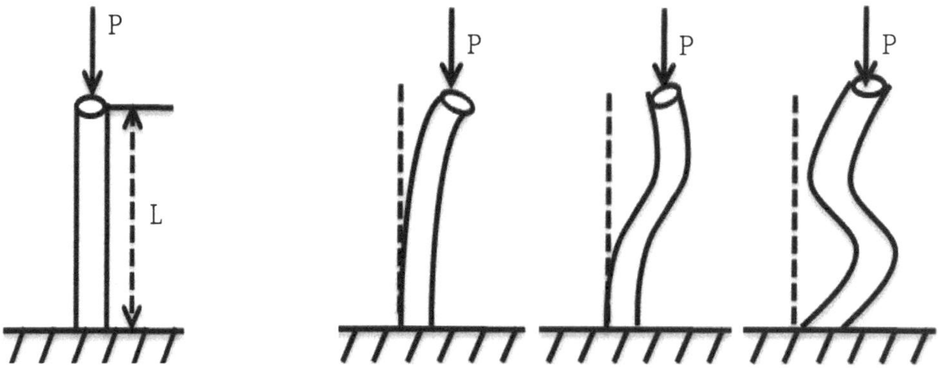

(a)안정상태 (b) 불안정상태의 column

그림 5.3 안정 상태와 불안정상태의 column

5.1.2 복원력

그림 5.4와 같이 직립상태에 있는 선박에서는 아르키메데스(Archimedes) 원리에 의하여

$$W = \rho g V \quad (5.1.1)$$

이 성립한다.

여기서 W 는 배의 중량(weight)으로

$$W = mg \quad (5.1.2)$$

(m은 배의 질량(mass), g는 중력가속도($9.8\,m/s^2$)이다)

또 V는 배에 의해 밀려난(排水된, displaced) 물의 체적으로 보통 이를 배수용적이라 한다. 처음 직립 시 WL 수선으로 떠있을 때 식(5.1.1)의 조건 이외에도, W 의 vector(연직하방)와 $\rho g V$(부력)의 vector(연직상방)는 동일 연직선상에 있어야 한다. 그러나 횡경사 ϕ를 한 경우 식(5.1.1)은 만족되나 W 벡터와 $\rho g V$ 벡터의 작용점은 더 이상 동일 연직선상에 놓이지 않게 된다. 따라서 이 두 힘(W와 $\rho g V$)과 두 힘 사이의 거리(GZ)에 의해 짝힘(Couple)이 생기게 되고, 이 짝힘 모멘트에 의해 배는 원래의 WL수선으로 되돌아오게 된다. 이와 같이 직립인 선박이 경사시 다시 원래 위치로 돌아오는 능력을 복원성(復原性, Restoring ability, Righting ability)이라 하고, 복원력(모멘트 차원임)은

$$\begin{aligned} \text{복원력} &= W \times GZ \quad (5.1.3) \\ &= \rho g V \times GZ \end{aligned}$$

로 표시할 수 있다. 이 때 GZ가 클수록 동일한 배에 있어서도 복원력이 커지므로 GZ의 크기가 복원성의 척도가 된다. 이 GZ(즉 G點에서 Z點까지 거리)를 복원정(復原挺, Restoring arm, Righting arm)이라고 한다. Z점은 $W'L'$ 수선에 대응하는 새로운 부심 B'에서 $W'L'$에 연직 상방으로 부력 작용 vector를 그리고, 이 vector를 향하여 G에서 수선을 내릴 때 그 교점이 바로 Z점이 된다.

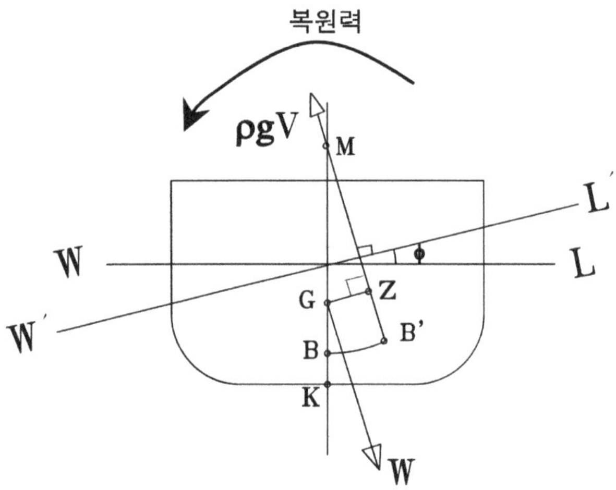

그림 5.4

한편 B'에서 올린 부력 작용 vector와 선체 중앙선이 만나는 점이 M(메타센터, Metacenter, 傾心)가 된다. 그림 5.4에서

$$GZ = GM\sin\phi \fallingdotseq GM \cdot \phi \tag{5.1.4}$$
(ϕ가 작은 각도일 경우)

로 표시 가능하고 따라서 GM값이 복원성의 척도가 될 수 있다. 이 GM을 보통 메타센터 높이(Metacentric height)라 한다.

한편 BM은 앞서 나온 것과 같이 메타센터 반경(Metacentric radius)이라 한다.

4장에서 이미 언급했듯이

$$GM = KB + BM - KG \tag{5.1.5}$$

이고

$$BM = \frac{I_{xx}}{V} \tag{5.1.6}$$

이다.

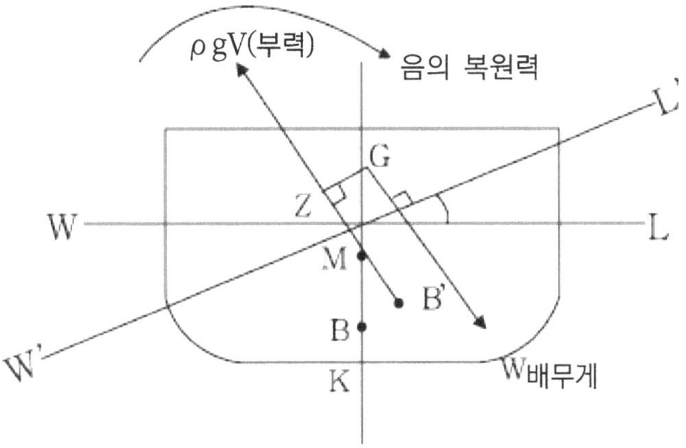

그림 5.5 경사력 (음의 복원력)

만일 G점보다 M이 더 밑에 있는 경우를 생각해 보면 그림 5.5와 같이 G가 아주 높이 있을 때 M이 G보다 아래에 위치하게 되고 이 때 W와 $\rho g V$에 의한 짝힘은 배를 더욱 경사시키는 방향으로 작용한다.

$$\text{경사력} = W \times GZ \tag{5.1.7}$$

$$= W \times GM\sin\phi \tag{5.1.8}$$

경사력은 복원력과 반대 방향이므로 (-)부호를 붙이면 결국 GM값이 (-)가 된다. 즉 GM값이 (-)라는 것은 물리적으로 G보다 M이 아래에 있다는 뜻이다.

따라서 선박이 복원성이 있느냐 없느냐는 다음과 같이 GM의 부호로 판단할 수 있다.

$$GM > 0 \text{ -- 복원성(안정, Stable)}$$

$$GM = 0 \text{ -- 중립(Neutral)} \tag{5.1.8}$$

$$GM > 0 \text{ -- 음의 복원성(불안정, Unstable)}$$

선박은 필수적으로 GM이 (+)일것이 요구된다.

만일 어떤 선박이 복원력이 부족하다면 중심 G를 가능한 낮추어 GM값을 키울 필요가 있다. 이는 탑재된 중량을 가능한 밑으로 내림으로써 가능하다. 한편, M점을 높이는 방법도 생각해 볼 수 있으나, M은 BM값에 의해 정해지고, BM은 배의 배수용적과 수선면에 관계되므로 배의 수선하 모양을 바꾸지 않는한 M을 변경하기는 매우 힘들다.

한편, GM 값이 너무 크면, 그 선박의 Roll 주기가 짧아져 승선감이 나빠지므로, 각각의 선박에 알맞는 적당한 GM 값을 갖도록 선박을 설계해야 한다.

예제 5.1

반경r, 높이 H인 원형 실린더(균질체, 비중 0.5)가 물에 떠있다. 안정일 조건을 구하라.

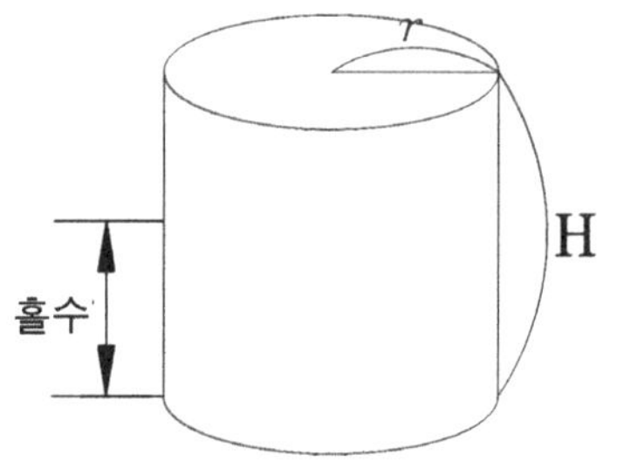

풀 이

먼저 실린더가 축을 수직으로 하여 떠있을 경우를 고려해보면

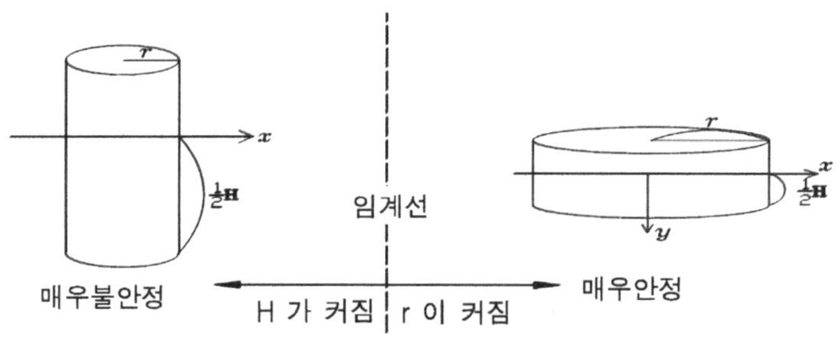

r과 H의 상대적 크기에 따라 안정일 수도 있고 불안정이 될 수도 있다. 결국 $GM > 0$이면 안정이란 조건을 적용하면

$GM = KB + BM - KG$ 에서

$$KB = \frac{1}{4}H, \quad KG = \frac{1}{2}H, \quad BM = \frac{I_{xx}}{V} = \frac{\frac{\pi r^4}{4}}{\pi r^2 \cdot \frac{H}{2}}$$

$$\therefore \ GM = \frac{H}{4} + \frac{r^2}{2H} - \frac{H}{2}$$

$$\therefore \ GM = \frac{r^2}{2H} - \frac{H}{4} > 0$$

$\therefore \ \sqrt{2}\,r > H$이면 안정이다.

다음으로 실린더가 축을 수평으로 하여 물에 떠있을 경우를 고려해 보면

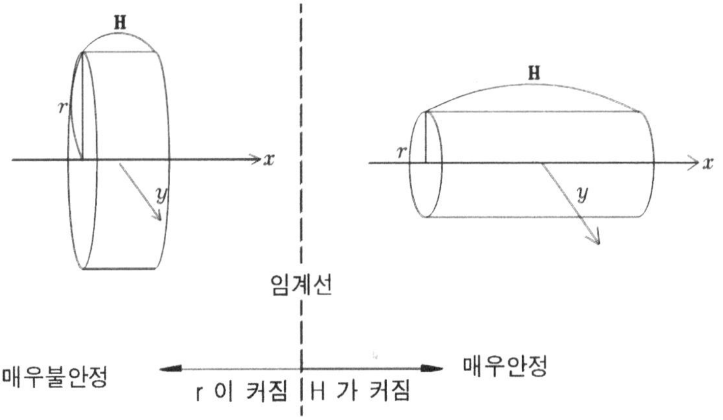

이 경우도 역시 r과 H의 상대적 크기에 따라 안정일 수도 있고 불안정일 수도 있다. 역시 $GM > 0$이면 안정이란 기준을 적용하면

$$GM = KB + BM - KG$$

이 경우

$$KB = r - \frac{4r}{3\pi}, \quad KG = r \text{ 이고}$$

$$BM = \frac{I_{yy}}{V} = \frac{\frac{2r \times H^3}{12}}{\frac{\pi r^2}{2} \times H} = \frac{H^2}{3\pi r}$$

$$\therefore \ GM = r - \frac{4r}{3\pi} + \frac{H^2}{3\pi r} - r > 0$$

$\therefore \ H > 2r$일 때 안정이다.

결국 실린더가 축을 수평으로 떠있든지 수직으로 떠있든지,

$\sqrt{2}\,r < H < 2r$인 경우는 모든 상황에서 불안정임을 알 수 있다.

답 : $\sqrt{2}\,r > H$ 또는 $H > 2r$

예제 5.2

길이 5 m, 직경 1 m인 원통 2개를 연결하여(축 사이 간격 4 m로) 쌍동선을 만들었다(흘수 0.5 m). BM과 BM_L을 구하라.

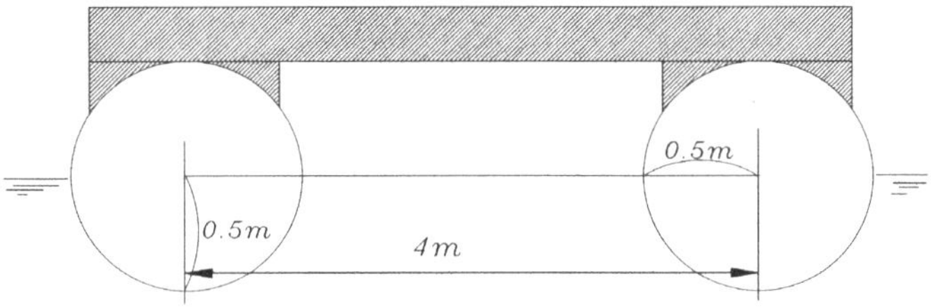

풀 이

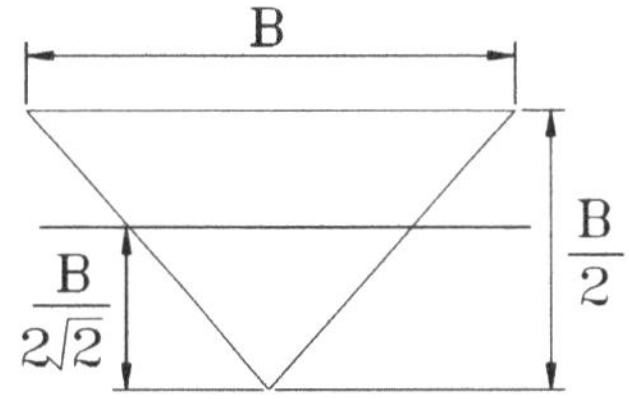

쌍동선의 배수용적

$$V = (2)\frac{\pi(0.5)^2}{2}(5) = 3.9269\ m^3$$

$$I_{xx} = 2\left\{\frac{1}{12}(5)(1)^3 + (5)(2)^2\right\} = 40.8333\ m^4$$

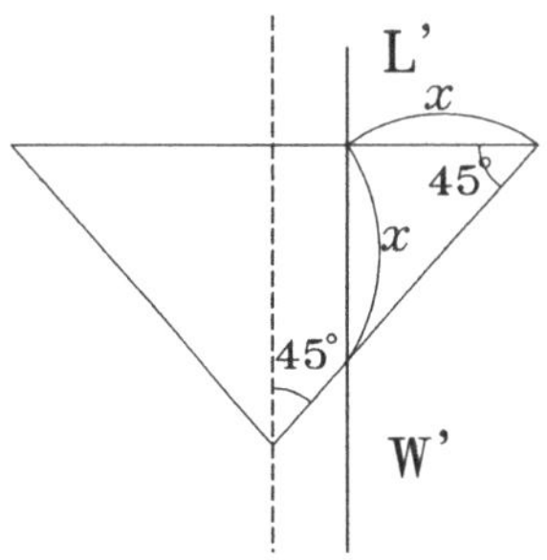

$$\therefore BM = \frac{I_{xx}}{V} = 10.39\ m$$

$$I_{yy} = 2\left\{\frac{1}{12}(1)(5)^3\right\} = 20.8333\ m^4$$

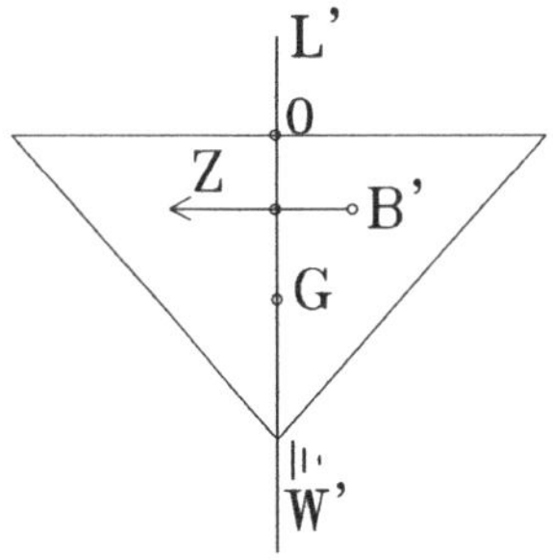

$$\therefore BM_L = \frac{I_{yy}}{V} = 5.31\ m$$

답 : $BM = 10.39\ m$, $BM_L = 5.31\ m$

예제 5.3

그림과 같은 단면의 주상선(柱狀船)이 있다. 배 길이 L, $KG = \frac{B}{4}$이다. 이 배가 90° 경사 시 GZ를 구하라.

풀 이

우선 90° 경사 시 흘수를 구하면 흘수를 x라 할때

$$\frac{1}{2} \cdot x \cdot x = \frac{1}{2} \times \frac{B}{2\sqrt{2}} \times \frac{B}{2\sqrt{2}} \times 2$$

$$\therefore\ x^2 = \frac{B^2}{4}$$

$$\therefore\ x = \frac{B}{2}$$

새로운 부심 B'에서 새 수선에 연직으로 작용선을 올려 배 중심선과 만나는 점이 Z이다.

그림에서

$$OZ = \frac{1}{3} \times OK = \frac{1}{3} \times \frac{B}{2} = \frac{B}{6}$$

$$\therefore\ GZ = OK - KG - OZ$$

$$= \frac{B}{2} - \frac{B}{4} - \frac{B}{6} = \frac{B}{12}$$

답 : $GZ = \frac{B}{12}$

5.1.3 대경사시 복원력

선박의 소각도 경사 시에는 Euler 정리에 의하여 새로운 수선이 선체 중심선을 지나지만 대각도 경사 시는 새로운 수선이 선체 중심선을 지나지 않는다. 또 횡메타센터 M도 메타센터 궤적을 따라 옮겨지므로 초기 복원성에서 사용하는 GM이 별 의미가 없게 된다. 따라서 GZ를 구하는 다른 방법이 필요하다.

그림 5.6에서 노출부 $\mathrm{W\,O'W'}$와 침하부 $\mathrm{L\,O'L'}$의 쐐기모양 체적(v)에 주목하면 이들은 서로 같다.

또 $BB' \, // \, gg'$이고

$$BB' \times V = gg' \times v \tag{5.1.9}$$

한편 부심의 수평 이동량 BR은

$$BR \times V = hh' \times v \tag{5.1.10}$$

$$\therefore \; BR = hh' \frac{v}{V} \tag{5.1.11}$$

따라서

$$\begin{aligned} GZ &= BR - BP \\ &= hh' \frac{v}{V} - BG\sin\phi \end{aligned} \tag{5.1.12}$$

$$\therefore \; W \cdot GZ = W \left\{ \frac{v \cdot hh'}{V} - BG\sin\phi \right\} \tag{5.1.13}$$

위 식을 Attwood의 공식이라 한다.

이 식의 첫 항은 $W \times BR$로, 선형(Hull-form)만에 의해 정해지는 값으로 형상복원력(Form stability)이라 부르고, 둘째 항은 $W \times BP$로, 이는 중심높이 즉 중량분포에 관계되므로 중량복원력(Weight stability)이라 부른다. 결국 정복원력은 형상복원력에서 중량복원력을 뺀 값이 된다.

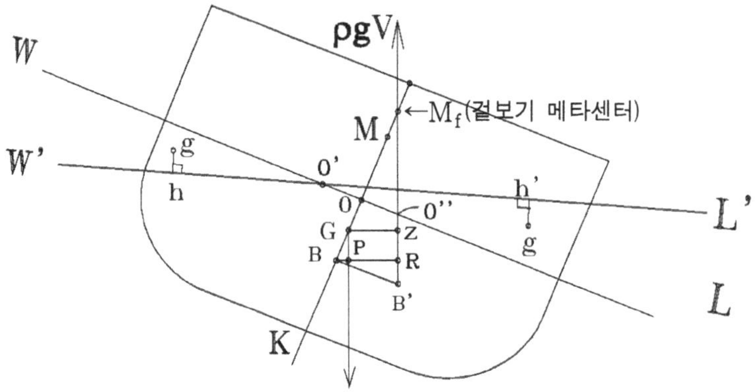

그림 5.6

예제 5.4

길이 L 폭 2a, 깊이 2a 흘수 0.8a인 Boxbarge가 그림처럼 물에 떠 있다. 30° 경사 시 복원정을 구하라. (단, 이 Boxbarge 의 KG는 a 이다.)

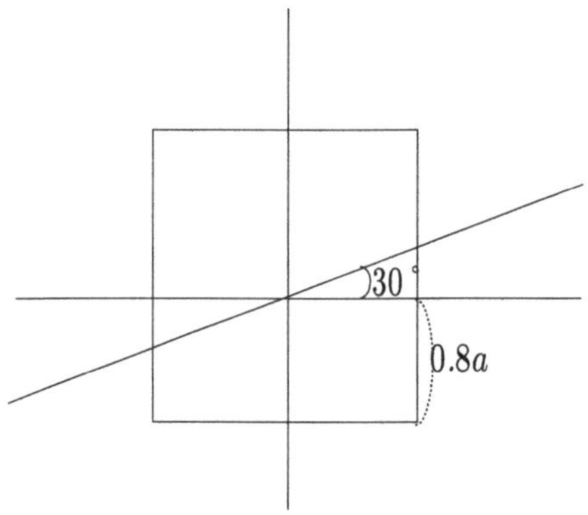

풀 이

식 (5.1.12)에 의해 $GZ = \frac{v(hh')}{V} - BG\sin\theta$

이때 $hh' = \frac{4}{3}a$

$v = a \cdot \text{atan}30(\frac{1}{2})(L), \qquad V = 2a(0.8a)(L) = 1.6a^2L$

$BG = a - 0.4a = 0.6a$

$$GZ = \frac{a^2\tan30 \cdot \frac{1}{2}L(\frac{4}{3}a)}{1.6a^2L} - (0.6)(\sin30)a$$
$$= -0.0594a$$

답 : $GZ = -0.0594a$

예제 5.5

길이 50 m, 폭 12 m, 깊이 12 m인 정방형 단면의 箱船이, 흘수 6 m로 떠있다. 횡경사 45° 때의 GZ 길이와 복원력을 구하라. ($KG = 4$)

풀 이

Attwood 공식 (5.1.12)를 사용하면,

$hh' = 6\sqrt{2}\ m$,

$v = 0.5 \times 6\sqrt{2} \times 3\sqrt{2} \times 50 = 900\ m^3$

$V = 6 \times 12 \times 50 = 3600\ m^3$

$$KB = \frac{6}{2} = 3\ m, \quad BG = KG - KB = 1\ m$$

$$\therefore GZ = hh'\frac{v}{V} - BGsin\phi = 6\sqrt{2} \times \frac{900}{3600} - 1 \times \sin 45^\circ$$

$$= \sqrt{2}\ m$$

$$\text{복원력} = WGZ = \rho g V GZ$$

$$= 1{,}025\ \ \text{ton} f/m^3 \times 3600\ m^3 \times \sqrt{2} = 5218.4\ \ \text{ton} f \cdot m$$

답 : $GZ = \sqrt{2}\ m$, 복원력 5218.4 ton•m

5.1.4 동복원력(動復原力, Dynamic Stability)

동복원력이란 선박을 평형 위치에서 어떤 각도까지 경사시키는데 필요한 일의 양을 말한다.

$$D = \int_0^{\phi} W \cdot GZ(\phi)\, d\phi$$

$$= W\int_0^{\phi} GZ(\phi)\, d\phi \tag{5.1.14}$$

위 식에서 동복원정 h_d를 다음과 같이 정의하게 된다.

$$h_d = \int_0^{\phi} GZ(\phi)\, d\phi \tag{5.1.15}$$

다시 그림 5.6으로 돌아가서 동복원력 D를

D = 선체중량 × 중심 상승량 + 부력 × 부심 하강량으로 생각할 수 있다.

중심 상승량(ΔG)은

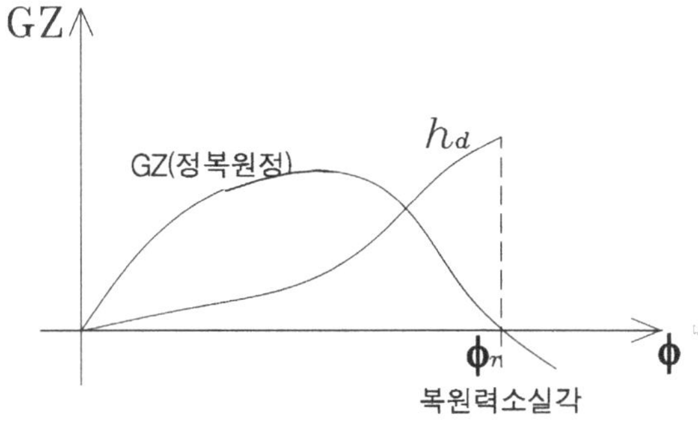

그림 5.7 동복원정곡선

$$\Delta G = OG - O''Z \tag{5.1.16}$$

부심 하강량(ΔB)은

$$\Delta B = O''B' - OB$$

따라서

$$\begin{aligned} D &= W(OG - O''Z) + \rho g V(O''B' - OB) \\ &= W\{(O''B' - O''Z) - (OB - OG)\} \\ &= W(B'Z - BG) = W(B'R + RZ - BG) \\ &= W(B'R + BG\cos\phi - BG) \\ &= W\{B'R - BG(1 - \cos\phi)\} \end{aligned} \tag{5.1.17}$$

한편

$$B'R \times V = v \times gh + v' \times g'h'$$

$$\therefore\ B'R = \frac{v(gh + g'h')}{V}$$

결국

$$D = W\left\{\frac{v(gh + g'h')}{V} - BG(1 - \cos\phi)\right\} \tag{5.1.18}$$

이 식을 Moseley의 공식이라 한다.

예제 5.6

길이 50 m, 폭 12 m, 깊이 12 m인 정방형 단면의 箱船이 흡수 6 m로 떠있다. 횡경사 90° 때의 동복원정 h_d를 구하라.($KG = 4$)

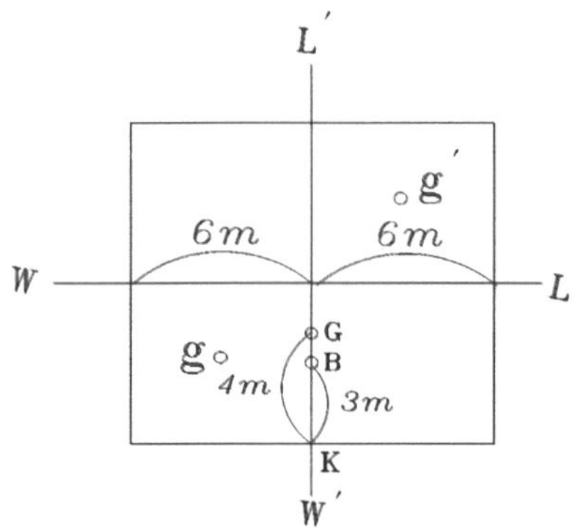

풀 이

$$h_d = \frac{v(gh + g'h')}{V} - BG(1 - \cos\phi) \text{에서}$$

$$V = 6 \times 12 \times 50 \ m^3,$$

$$v = 6 \times 6 \times 50 \ m^3$$

$$gh = 3 \ m,$$

$$g'h' = 3 \ m$$

$$BG = 1 \ m$$

$$\phi = \frac{\pi}{2}$$

이를 모두 식에 대입하면

$$h_d = \frac{6 \times 6 \times 50 \times (3+3)}{6 \times 12 \times 50} - 1 \times \left(1 - \cos\frac{\pi}{2}\right) = 3 - (1-0) = 2 \ m$$

답 : $h_d = 2 \ m$

예제 5.7

길이 50 m, 폭 12 m, 깊이 12 m인 정방형 단면의 箱船이 흘수 6 m로 떠있다. 횡경사 45° 때의 동복원정을 구하라($KG = 4 \ m$이다).

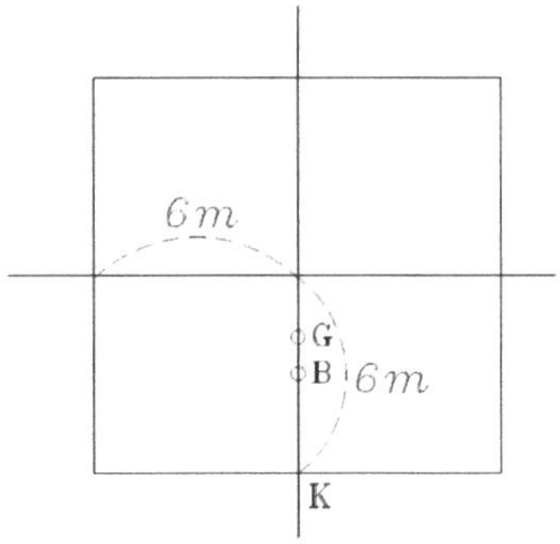

풀 이

4각형 단면의 복원정 GZ는

$$GZ = \left(GM + BM \cdot \frac{\tan^2\phi}{2}\right)\sin\phi$$

$$GM = KB + BM - KG$$

$$KB = 3\ m, \quad KG = 4\ m,$$

$$BM = \frac{I}{V} = \frac{\left(\frac{1}{12} \times 12^3 \times 50\right)}{6 \times 12 \times 50} = 2\ m$$

$$\therefore\ GM = 3 + 2 - 4 = 1\ m$$

$$\therefore\ GZ = \left(1 + 2 \cdot \frac{\tan^2\phi}{2}\right)\sin\phi$$

$$= \sin\phi + \tan^2\phi\sin\phi = \sin\phi + \frac{\sin^3\phi}{\cos^2\phi}$$

$$\therefore\ h_d = \int_0^{\frac{\pi}{4}} \left(\sin\phi + \frac{\sin^3\phi}{\cos^2\phi}\right) d\phi$$

한편

$$\int \frac{\sin^m\phi}{\cos^n\phi}\, d\phi = \frac{\sin^{m-1}\phi}{(n-1)\cos^{n-1}\phi} - \frac{m-1}{n-1}\int \frac{\sin^{m-2}\phi}{\cos^{n-2}\phi}\, d\phi$$

관계를 이용하면,

$$\int \frac{\sin^3\phi}{\cos^2\phi}\, d\phi = \frac{\sin^2\phi}{\cos\phi} - \frac{2}{1}\int \frac{\sin\phi}{1}\, d\phi$$

$$\therefore\ h_d = \int_0^{\frac{\pi}{4}} \sin\phi\, d\phi + \left[\frac{\sin^2\phi}{\cos\phi}\right]_0^{\frac{\pi}{4}} - 2\int_0^{\frac{\pi}{4}} \sin\phi\, d\phi$$

$$= \left[\frac{\frac{1}{2}}{\frac{1}{\sqrt{2}}} - \frac{0}{1}\right] - \int_0^{\frac{\pi}{4}} \sin\phi\, d\phi$$

$$= \frac{\sqrt{2}}{2} + [\cos\phi]_0^{\frac{\pi}{4}} = \frac{\sqrt{2}}{2} + \left[\frac{1}{\sqrt{2}} - 1\right]$$

$$= \frac{\sqrt{2}}{2} + \frac{\sqrt{2}}{2} - 1 = \sqrt{2} - 1\ m$$

답 : $h_d = \sqrt{2} - 1\ m$

예제 5.8

길이 L이고, 단면이 그림과 같은 삼각형 모양의 배 $(KG = \frac{B}{4})$가 90° 경사할 때 동복원정 h_d를 구하라.

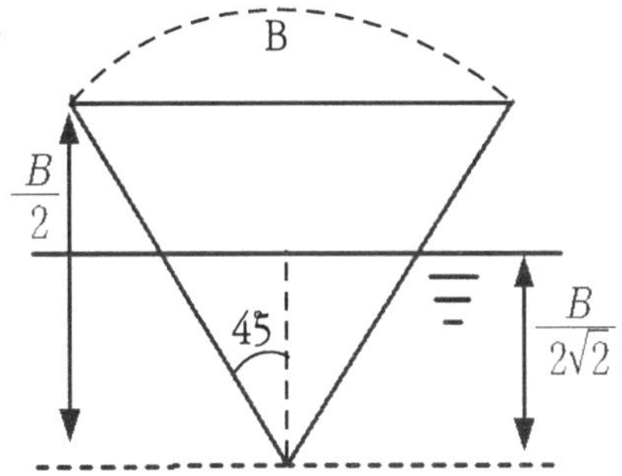

풀 이

$$V=\frac{1}{2}(\frac{B}{2\sqrt{2}})(\frac{B}{\sqrt{2}})L=\frac{B^2L}{8}$$

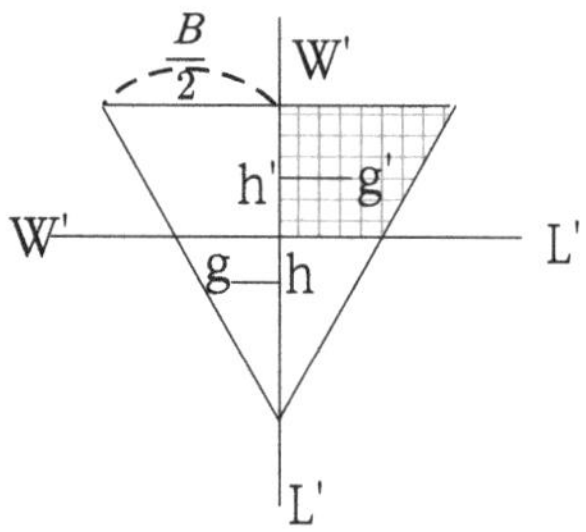

$$v=\frac{V}{2}=\frac{B^2L}{16}$$

$$gh=(\frac{1}{3})(\frac{B}{2\sqrt{2}})=\frac{B}{6\sqrt{2}}$$

$$g'h'=\frac{\frac{B^2}{8}+\frac{B^2}{4\sqrt{2}}+\frac{B^2}{4}}{3(\frac{B}{2\sqrt{2}}+\frac{B}{2})}=\frac{4-\sqrt{2}}{12}B$$

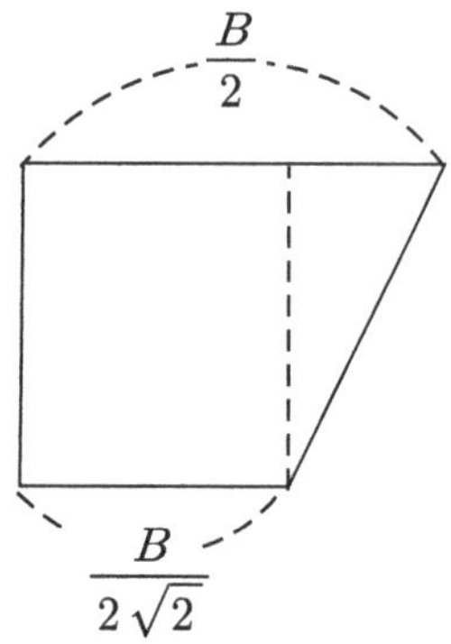

$$KB=\frac{2}{3}(\frac{B}{2\sqrt{2}})=\frac{B}{3\sqrt{2}}$$

$$h_d=\frac{v(gh+g'h')}{V}-BG(1-\cos\theta)$$

$$=\frac{\frac{B^2L}{16}(\frac{1}{6\sqrt{2}}+\frac{4-\sqrt{2}}{12})B}{\frac{B^2}{8}}-(KG-KB)(1-\cos\frac{\pi}{2})$$

$$=\frac{2\sqrt{2}-1}{12}B$$

답 : $h_d=\frac{2\sqrt{2}-1}{12}B$

5.2 복원성에 영향을 주는 요소

5.2.1 중심의 상하위치 영향

그림 5.8과 같이 원래 중심 G인 경우 복원정은 GZ이나, 중심을 상하방향으로 이동하면 GZ값이 변하게 된다. 즉 G가 G'로 올라간 경우

$$G'Z' = GZ - GG'\sin\phi \tag{5.2.1}$$

가 되어 복원정은 $GG'\sin\phi$만큼 감소한다. 역으로 G보다 밑으로 중심이 내려가면

$$G'Z' = GZ + GG'\sin\phi \tag{5.2.2}$$

가 되어 복원성이 더 좋아진다.

여객선에서 승객들이 갑판위로 나와 있는 경우 배의 중심이 높아져 복원성이 약해져 있는 상황에서 갑자기 높은 파도가 치면 이를 피해 반대쪽으로 승객이 움직이게 되고 그러면 경사 모멘트가 발생하여 선박이 전복되는 경우가 생긴다.

무게중심 KG 높이에 영향을 주는 요인으로는 화물의 적재, 착빙(着氷, Icing), 화물의 이동, Green water 등을 생각할 수 있다.

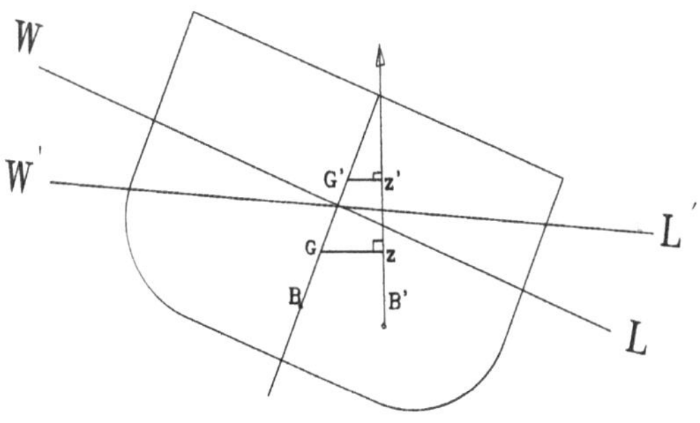

그림 5.8

5.2.2 현수 중량물의 영향

대빗(Davit)이나 붐(Boom)에 매달린 구명정을 내릴 때나, 선창에 있는 화물을 양하할 때 선체 중심이 상승하는 효과가 생긴다.

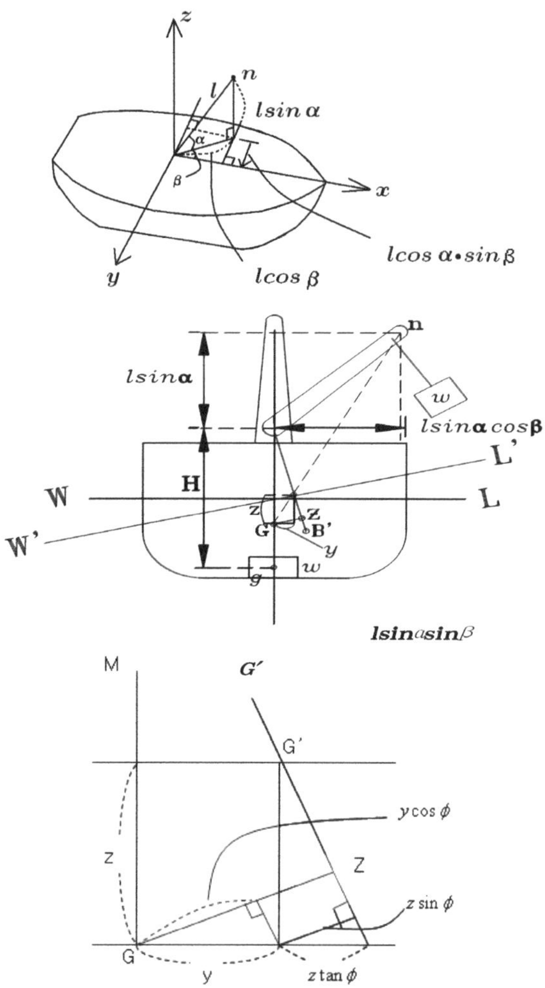

그림 5.9 현수중량물

그림 5.9에서와 같이 원래 수선이 WL이고 중량물 w를 매달아 위로 올리려고 할 때 생기는 선체경사를 ϕ, 그때의 수선을 $W'L'$라 하고, 중량물 w의 무게중심을 g, 겉보기 배의 무게중심을 G', 붐의 길이를 l이라 하면

$$GG' = gn \cdot \frac{w}{W} \tag{5.2.3}$$

즉 현수중량 w는 중심이 g에서 n으로 순간 이동한 셈이 된다.

G에서 G'으로 이동시 y축 방향으로 y만큼, z축 방향으로 z만큼 이동했다면

$$y = \frac{w}{W} \cdot l\cos\alpha\ \sin\beta \tag{5.2.4}$$

$$z = \frac{w}{W}(l\sin\alpha + H) \tag{5.2.5}$$

또

$$\begin{aligned} GZ &= GM\sin\phi \\ &= y\cos\phi + z\sin\phi \end{aligned} \tag{5.2.6}$$

$$GM\tan\phi = y + z\tan\phi \tag{5.2.7}$$

따라서

$$\tan\phi = \frac{y}{GM - z} = \frac{\frac{w}{W} l\cos\alpha\ \sin\beta}{GM - \frac{w}{W}(l\sin\alpha + H)}$$

$$= \frac{l\cos\alpha\ \sin\beta}{\frac{W}{w}GM - l\sin\alpha - H} \tag{5.2.8}$$

5.2.3 유동수(遊動水, Free water)의 영향

선내에 있는 탱크들은 완전히 비우거나 가득 채우면 선체가 경사하더라도 무게중심은 이동하지 않는다. 만일 tank 내에 일부분만 액체로 차있고 자유표면(free surface)이 있다면 경사시 이 탱크 내 액체가 이동하게 되고, 이에 의해 배 전체의 무게중심이 변화하여 GZ값이 변하고 결국 복원성에 변화가 생긴다.

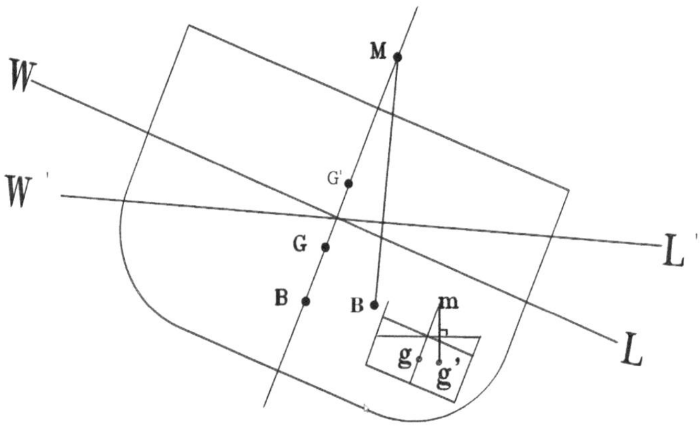

그림에서 탱크 내에 자유표면이 있고 유동수가 중심 g가 경사 ϕ에 따라 g'로 옮겨졌다면 유동수의 질량이 순간적으로 g점에서 m점으로 이동했다고 생각 할 수 있다. 즉, m점을 유동수의 겉보기 중심 (Virtual Center of Gravity)이라 한다.

그러면 유동수의 중심이 g에서 m으로 상승한 것에 의한 배 전체의 효과는 G가 G'로 상승한 것이 되고

$$\overline{GG'} \times \overline{W} = \overline{gm} \times w$$

따라서

$$\overline{GG'} = \frac{w}{W}\overline{gm} \text{ 이다}$$

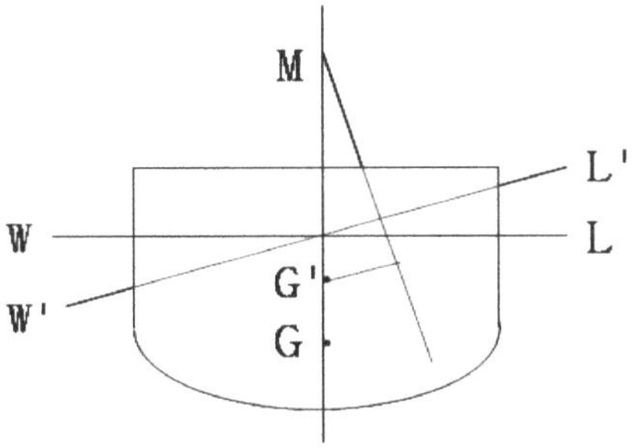

한편 배의 중심이 상승하면 복원력은 $W \cdot GG' \sin\phi$ 만큼 줄어들게 되고

$$\text{복원력} = WGM \cdot \sin\phi - W\overline{GG'}\sin\phi$$
$$= WGM \cdot \sin\phi - W \cdot \frac{w}{W}\overline{gm} \cdot \sin\phi$$
$$= WGM \cdot \sin\phi - w \cdot \overline{gm} \cdot \sin\phi \qquad (5.2.9)$$

여기서

$$\overline{gm} = \frac{i}{v} \qquad (5.2.10)$$

i는 자유표면(탱크내부의)의 자체 roll축에 대한 2차 모멘트, v는 자유수 체적. 식 (5.2.9)를

$$\text{복원력} = W(GM - \Delta GM)\sin\phi \qquad (5.2.11)$$

꼴로 쓰면 ΔGM은 자유수에 의한 GM감소량을 나타내게 되고

$$\Delta GM = \frac{w}{W}\overline{gm}$$
$$= \frac{\rho' g v}{\rho g V} \cdot \frac{i}{v} = \frac{\rho'}{\rho} \cdot \frac{i}{V} \qquad (5.2.12)$$

가 된다. 즉 자유수에 의한 GM 감소량은 자유수의 밀도(ρ')와 자유표면의 2차 모멘트(i) 및 원래 선박의 배수용적(V)에만 관계되고 자유수의 체적(v)과는 무관하다는 것을 알 수 있다.

결국, 배 전체로서는 중심 G가 G'로 상승한 효과를 가져온다고 생각할 수 있다.

이와 같이 자유수가 존재하면 배의 원래 복원성이 열화(劣化)되므로 가능한한 이 영향을 줄이기 위해서는 탱크를 만재 상태로 하든지 아니면 탱크에 종격벽을 많이 설치하여 자체 roll축에 대한 자유표면 2차 모멘트(i)를 줄이는 방법 등이 요구된다.

예제 5.9

유동수가 들어있는 구획에 종격벽을 설치하여 폭이 동일한 n개이 구획으로 만들었다. 이때 유동수에 의한 GM 감소량은 격벽이 없는 경우에 비해 몇 배나 되는가? (유동수 밀도= $1000\ kg/m^3$)

풀 이

우선 유동수가 있는 구획의 폭을 B, 이 유동수에 의한 GM 감소량을 L이라 하 면

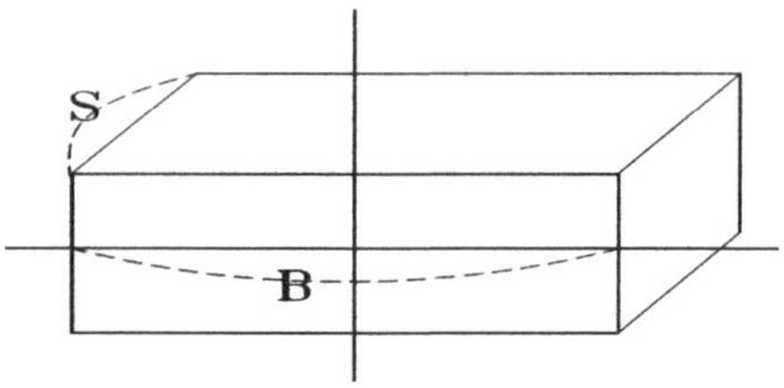

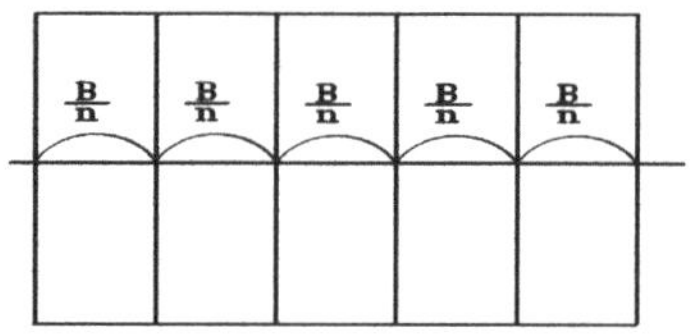

$$L = \frac{\rho'}{\rho} \cdot \frac{i}{V}$$

$$= \frac{1000}{1000} \times \frac{1}{V} \times \frac{B^3 S}{12}$$

한편 종격벽을 설치하여 각 구획의 폭이 $\dfrac{B}{n}$가 되면 각각에 의한 GM 감소량의 合을 L'라 할 때

$$L' = \frac{\rho'}{\rho}\cdot\frac{1}{V}\frac{\left(\frac{B}{n}\right)^3\cdot S}{12} + \frac{\rho'}{\rho}\cdot\frac{1}{V}\frac{\left(\frac{B}{n}\right)^3\cdot S}{12} + \cdots$$

$$= \frac{\rho'}{\rho}\cdot\frac{1}{V}\cdot n\cdot\frac{\left(\frac{B}{n}\right)^3\cdot S}{12} = \frac{\rho'}{\rho}\cdot\frac{1}{V}\frac{B^3\cdot S}{12}\cdot\frac{1}{n^2}$$

$$= L\times\frac{1}{n^2}$$

즉, 격벽이 있으므로, 없는 경우에 비해 GM 감소량이 $\dfrac{1}{n^2}$배로 줄어든다.

답 : $\dfrac{1}{n^2}$배

예제 5.10

길이 40 m, 폭 10 m, 흘수 2.5 m의 Boxbarge에 있어, 중앙부에 길이 10 m, 폭 10 m의 유동수가 들어있는 구획이 있고, 경사시험을 하여 중량 4 ton을 횡으로 9 m 이동할 때 수직추의 경사 $\tan\phi = 0.0474$을 얻었다. 안팎의 물의 밀도를 모두 1로 할 때, 뚜껑을 덮어 유동수의 자유표면효과를 제거한 Barge의 KG를 구하라.

풀 이

$$BM = \frac{I}{V} = \frac{B^2}{12d} = 3.333\ m$$

$$KM = KB + BM = \frac{2.5}{2} + 3.333 = 4.583\ m$$

유동수에 의한 GM 감소량 (GG')

$$GG' = \frac{i}{V} = \frac{\frac{1}{12} \times 10 \times 10^3}{40 \times 10 \times 2.5} = 0.833\ m$$

경사시험에서

$$G'M = \frac{wl}{W \cdot \tan\phi} = \frac{4 \times 9}{40 \times 10 \times 2.5 \times 0.047} = 0.76\ m$$

따라서

$$KG = KM - G'M - GG'$$

$$= 2.99\ m$$

답 : $KG = 2.99\ m$

예제 5.11

폭 B, 길이 $8B$, 흘수 0.25 B인 Boxbarge 중앙에, 폭 B, 길이 x인 유동수 구역이 있다. 유동수의 영향으로 겉보기 GM이 0이 되는 경우, x는 B의 몇 배인가? (단, $KB = \frac{1}{3} B$ 이다.)

풀 이

$$GM = KB + BM - KG$$

$$= \frac{1}{8}B + \frac{\frac{1}{12}B^3 \cdot 8B}{8Bcdot B \cdot \frac{1}{4}B} - \frac{1}{3}B \; = \; \frac{1}{8}B$$

$$\triangle GM = \frac{\rho'}{\rho} \cdot \frac{i}{V} = \frac{1}{1} \cdot \frac{\frac{1}{12}B^3 x}{8B \cdot B \cdot \frac{1}{4}B} = \frac{x}{24}$$

$$(GM)' = GM - \triangle GM = \frac{1}{8}B - \frac{x}{24} = 0$$

$$\therefore x = 3\,B$$

답 : $x = 3\,B$

예제 5.12

배수량 8,153.75 tonf인 배가 있다. $KM = 8\ m$, $KG = 7.5\ m$이다. 이 배의 밑바닥에는 직육면체 물탱크($L: 15\ m$, $B: 10\ m$, $H\ m$)가 있고 해수가 가득 들어있다. 이 물탱크 물을 pump로 배수하여, 수위가 1 m가 되게 할 경우, 자유수 영향을 고려한 새로운 GM을 구하라.

풀 이

우선 탱크 내 물이 반으로 줄어들면 배의 무게 중심 G가 G'로 상승한다.

$$(W - w) \times GG' = w \times (7.5 - 1.5)$$

$$\therefore GG' = \frac{153.75 \times 6}{(8153.75 - 153.75)}$$

$$= 0.115\ m$$

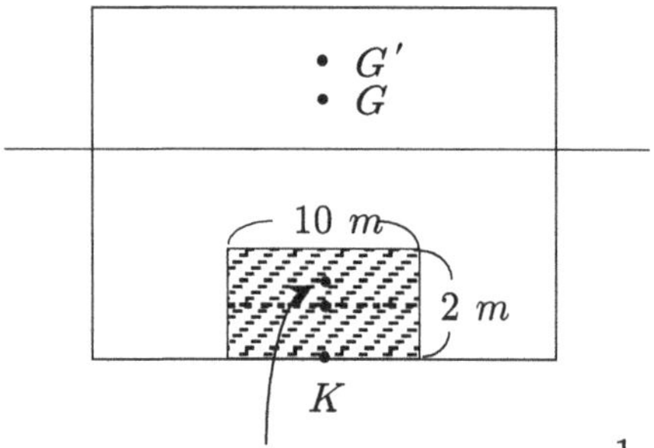

$$w = 1.025 \times 15 \times 10 \times 2 \times \frac{1}{2}$$

$$= 153.75\ \text{tonf}$$

다른 방법으로 GG'를 구해보자.

기선에 대한 중량1차모멘트를 생각하면,

$$W \times KG = (W - w) \times KG' + w \times \left(1 + \frac{1}{2}\right)$$

이므로

$$W \cdot KG = W \cdot KG' - w \cdot KG' + \frac{3}{2}w$$

$$\therefore\ W \cdot KG = W(KG + GG') - w(KG + GG') + \frac{3}{2}w$$

$$\therefore\ w \cdot KG + w \cdot GG' = W \cdot GG' + \frac{3}{2}w$$

$$(W - w)GG' = w \cdot KG - \frac{3}{2}w$$

$$\therefore\ GG' = \frac{w \cdot KG + \frac{3}{2}w}{W - w} = \frac{153.75 \times 7.5 - 1.5 \times 153.75}{8153.75 - 153.75} = 0.115\ m$$

로 같은 결과를 얻는다.

다음으로, 자유수에 의한 GM 감소량 ΔGM은

$$\Delta GM = \frac{\rho' i_{XX}}{\rho(V-v)} = \frac{\rho' g \cdot i_{XX}}{\rho g(V-v)} = \frac{1.025 \times \frac{1}{12} \times 10^3 \times 15}{(W-w)} = \frac{1281.25}{8000}$$
$$= 0.160\ m$$

따라서 원래 $GM = 8 - 7.5 = 0.5\ m$ 이므로,

새로운 $GM = 0.5 - 0.16 - 0.115 = 0.225\ m$

답 : $GM = 0.225\ m$

5.2.4 船型의 영향

선형설계 시 배수량, 부심, 흘수, 주요치수$(L, B, d, D, ...)$, 트림 등에 증감이 있게 되고 이에 따라 복원성능에 변화가 오게 된다.

일반적으로 복원성은 GM 또는 BM값으로 대표되므로 선형 변화에 따른 BM 변화로서 초기 복원력의 변화를 살펴보자.

1. 배길이(L_{PP})만이 변화할 때

배 길이가 변화하면 배수량이 변화하나, 단면형상, 수선 위치, 무게중심 등이 불변이라 가정하고 BM 변화를 살펴보면

$$L = \lambda L_0$$

λ는 길이가 λ배만큼 늘어났다는 比로서(선박에서 보통 사용되는 scale ratio와는 다름).

수선면적은

$$A = \lambda A_0$$

횡관성반경은

$$k = k_0$$

배수용적은

$$V = \lambda V_0$$

따라서

$$BM = \frac{I}{V} = \frac{\lambda I_0}{\lambda V_0} = BM_0 \tag{5.2.13}$$

이 되어 BM에는 변화가 없다.

한편 형상 복원력(S_F)은

$$S_F = \rho g V \cdot BM \sin\phi \fallingdotseq \rho g V BM \phi \tag{5.2.14}$$

이므로

$$S_F = \rho g V BM \phi = \rho \lambda V_0 \cdot BM_0 \phi \tag{5.2.15}$$

로 λ배만큼 변화한다.

2. 폭(B)만을 변화시킬 때

$$B = \lambda B_0$$

$$A = \lambda A_0, \quad k = \lambda k_0$$

$$I = \lambda^3 A_0 k^2 = \lambda^3 \cdot I_0$$

$$V = \lambda V_0$$

$$\therefore \; BM = \frac{I}{V} = \frac{\lambda^3 I_0}{\lambda V_0} = \lambda^2 BM_0 \qquad (5.2.16)$$

형상 복원력은

$$S_F = \rho \cdot g \cdot V \cdot BM \cdot \phi = \rho \cdot g \cdot \lambda^3 \cdot V_0 \cdot BM_0 \cdot \phi \qquad (5.2.17)$$

로 원래보다 λ^3배만큼 변화한다.

3. 흘수(d)만의 변화

$$d = \lambda d_0$$
$$A = A_0$$
$$k = k_0$$
$$I = I_0$$
$$V = \lambda V_0$$

$$\therefore \; BM = \frac{I}{V} = \frac{I_0}{\lambda V_0} = \frac{1}{\lambda} BM_0 \qquad (5.2.18)$$

형상 복원력은

$$S_F = \rho \cdot g \cdot V \cdot BM \cdot \phi = \rho \cdot V_0 \cdot BM_0 \cdot \phi \qquad (5.2.19)$$

로 변동이 없다.

4. L, B, d의 동시변화

$$BM = \lambda BM_0 \qquad (5.2.20)$$

$$S_F = \rho \cdot g \cdot V \cdot BM \cdot \phi = \rho \cdot g \cdot \lambda^4 \cdot V_0 \cdot BM_0 \cdot \phi \qquad (5.2.21)$$

로 BM은 λ배, 초기 형상 복원력은 λ^4배 변화한다.

5. 건현의 변화

건현이 증가하면 일반적으로 V, KG가 상승하나 배수량과 KG가 일정하다고 가정하면 그림 5.10 같이 복원력 곡선의 초기경사는 동일하지만 복원력 범위, 최대 복원력 등은 커진다. 즉 건현이 낮은 배는 충분한 GM을 가지더라도 복원성 범위가 작다.

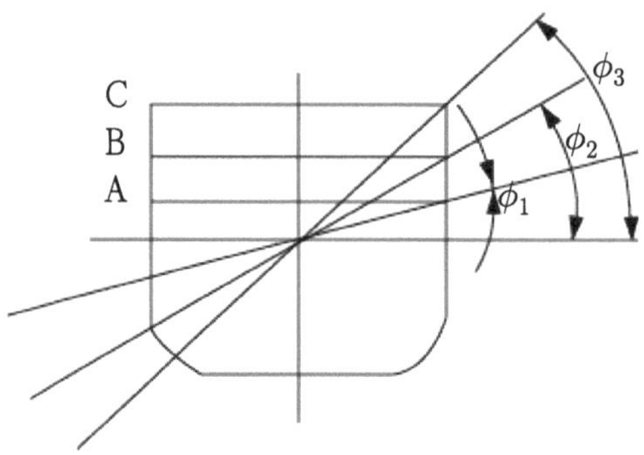

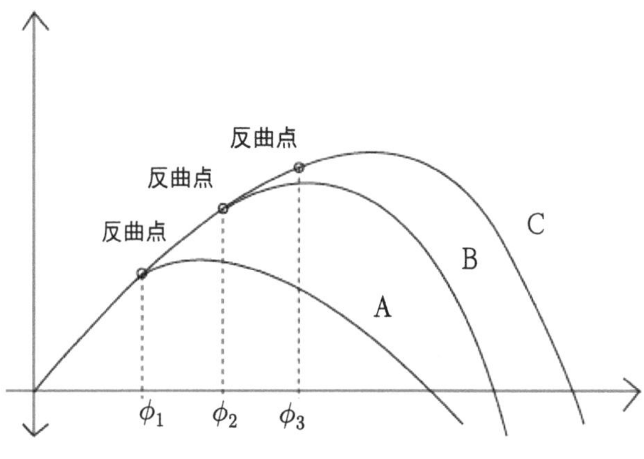

그림 5.10 건현의 효과

5.2.5 좌초시 복원력 변화

선저 부분이 암초에 닿았을 때 그림 5.11과 같이 처음 수선 WL이 W_1L_1이 되고, 이 배가 경사시 WL에 대한메타센터가 M, W_1L_1에 대한 메타센터가 M_1이라 하자.

Keel 블럭에 의해 지지되는 반력을 w 라 하면, 원래 배수량 W 와 W_1L_1 수선에 대응하는 배수량 W_1 은

$$W_1 = W - w \tag{5.2.22}$$

이 배는 w 에 의해 무게중심 이 G에서 G_V로 상승한 것 같은 효과를 보인다.

$$KG \times W = KG_v \times (W - w)\text{에서}$$

$$KG_V = \frac{W \cdot KG}{W - w} \tag{5.2.23}$$

$$G_V M_1 = KM_1 - KG_v = KM_1 - \frac{W \cdot KG}{W - w} \tag{5.2.24}$$

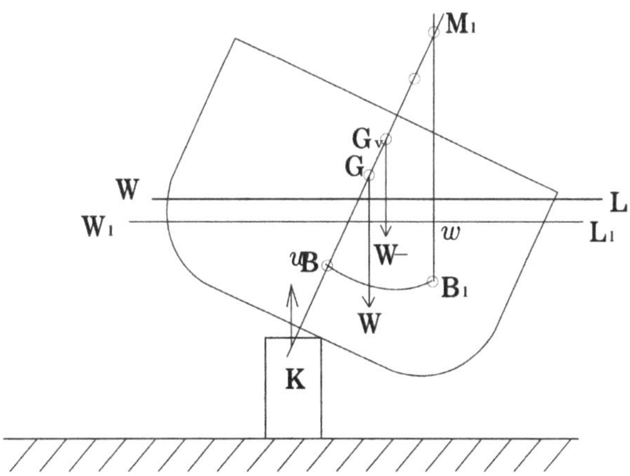

그림 5.11 좌초시 복원력

$$GG_V = KG_V - KG$$

$$= \frac{W \cdot KG}{W - w} - KG = \frac{w \cdot KG}{W - w} \qquad (5.2.25)$$

가 되어, Keel block에 의해 지지되는 힘 w 만 결정되면 이로 인한 무게중심 상승량 GG_V를 구할 수 있고, 이에 의한 복원력의 감소를 계산할 수 있다.

예제 5.13

그림과 같은 선박이 담수 중에 떠있다.($KG = 5.0\ m$) 이배의 선저가 땅에 닿아 흘수가 1 m 감소하였다. 그 상태로 10° 경사시 복원력을 구하라. (배 길이 100 m)

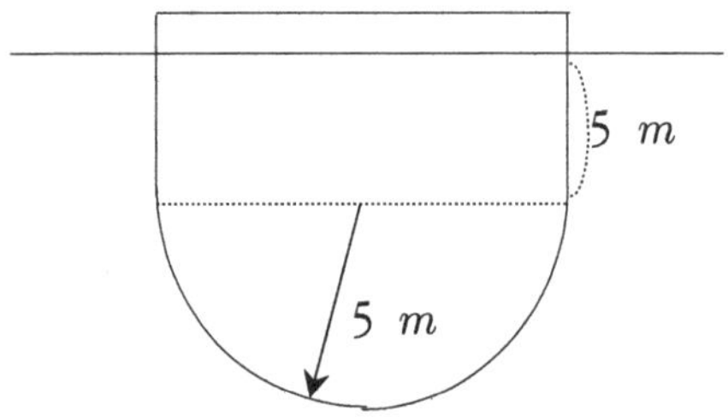

풀 이

원래 배수량

$$W = \rho g V = 8{,}927 \text{ tonf}$$

$$w = 1{,}000 \text{ tonf}$$

좌초에 의한 중심 상승량

$$GG' = \frac{w \cdot KG}{W - w} = \frac{(1000)(5)}{8927 - 1000} = 0.631\ m$$

$$W \cdot G'Z' = W(GZ - GG'\sin\theta)$$

$$= W(GM - GG')\sin\theta$$

$$GM = 1.4\ m$$

복원력 $= (8927 - 1000)(1.4 - 0.631)\sin 10^\circ = 1{,}059$ ton·m

답 : 복원력 1,059 ton·m

5.2.6 파랑 中에서 복원력

횡파 중에서 횡복원력은 선폭(B)에 비해 파의 파장(λ)이 충분히 크므로 정수 中에서의 횡복원력으로 평가해도 무방하다.

한편 종파 중에서 횡복원성은 그림 5.12과 같이 선체가 파정에 있느냐, 파저에 있느냐에 따라 달라진다. 그 이유로서는 파정과 파저에서 선체의 수선면적과 형상이 달라지므로 BM값이 달라져 복원력이 변화한다. 즉 선체가 파정에 위치하면 수선면이 정수 中에 비해 작아지고 x축에 대한 2차 모멘트 I_{xx}도 작아진다. 한편 V는 동일하므로 결국 정수 中보다 BM값이 작아지고 GM도 작아진다.

역으로 선체가 파저에 위치하면 수선면적이 커지고 I_{xx}도 증가하여 BM이 커지고 따라서 GM도 커진다.

종합적으로 선체가 종파 中에 있을 때 파정 부근에 선체 중앙이 오면 복원력은 매우 감소하고, 파저 부근에 선체 중앙이 오면 복원력은 매우 커진다.

이와 같이, 배와 파의 상대적 위치 관계에 의하여 복원성이 나빠지기도 하고 좋아지기도 한다. 이러한 것을 순수 복원력 손실(Pure Loss of Stability)이라 한다.

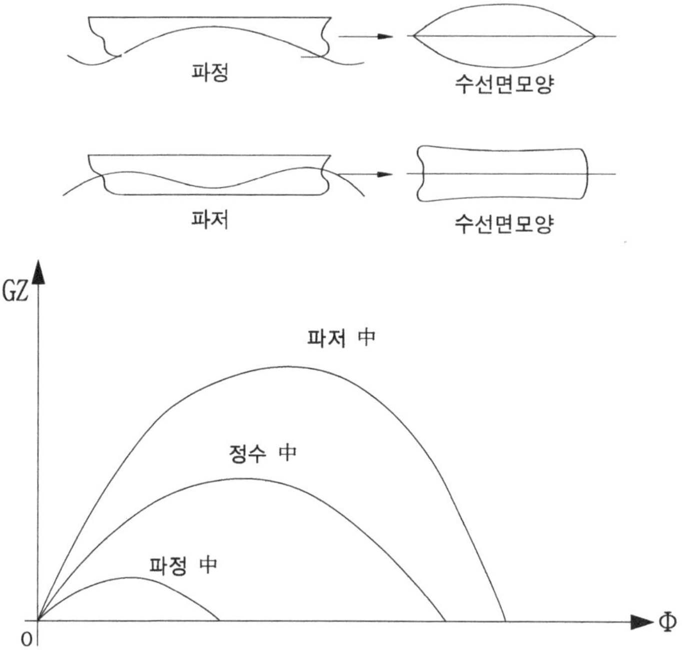

그림 5.12 종파중 복원력 변화

5.3 복원력 계산

5.3.1 복원력 곡선

그림 5.13과 같이 $GZ \sim \phi$ 또는 $W \cdot GZ \sim \phi$ 곡선을 그릴 수 있다. 이를 정복원력 곡선(S.S.C. Statical Stability Curve)이라 한다. ϕ_r 을 복원력 소멸각(Angle of vanishing stability)이라 한다. 또 $0° \sim \phi_r$ 까지를 복원력 범위(Range of stability)라 한다.

복원력 곡선의 $\phi = 0°$에서 접선을 그어 57.3° (1rad)에서 올린 높이가 바로 GM 값이 된다.

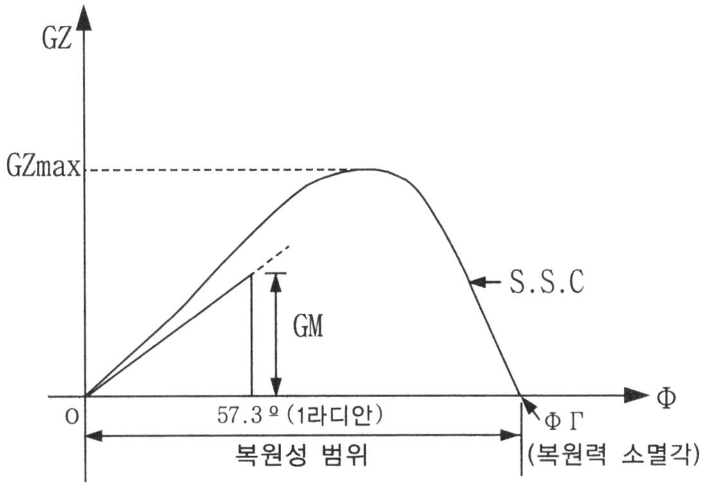

그림 5.13 복원력 곡선

5.3.2 복원력 교차 곡선(Cross Curve of Stability)

앞에 설명한 복원력 곡선은 어떤 선박의 한 배수량에 대하여 각 경사각 ϕ마다의 복원력을 그림으로 나타낸 것이다. 그러나 배수량이 변화할 경우, 각각에 대해 복원력 곡선을 그리기는 매우 힘이 든다. 이 해결책으로 어떤 가정된 중심(KG) 높이에 대하

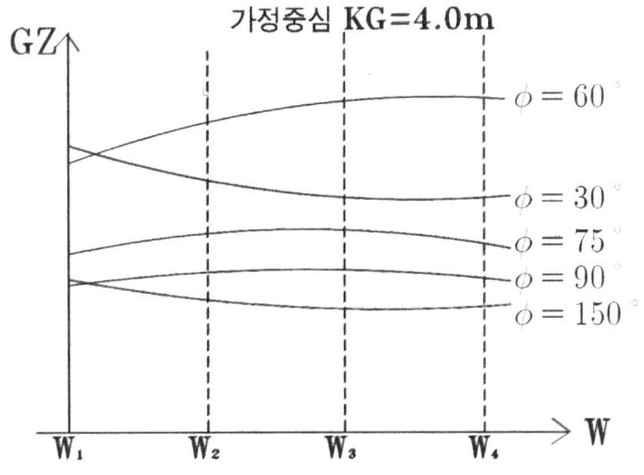

그림 5.14 복원력 교차곡선

여 여러 가지 흘수에 대한 각 경사시의 복원력을 구해 곡선으로 만들어 놓으면 어떤 특정 흘수에 대한 복원력 곡선을 쉽게 만들 수 있다.

5.3.3 수직 현측선(Wall-sided ship)의 복원력

현측이 직선인 선박의 경우 한 쪽 현측단까지 몰수하는 경사각 ϕ까지는 이론적 고찰에 의해 $GZ(\phi)$를 정확하게 구할 수 있다.

앞서 Attwood식에 의해

$$GZ = \frac{v \cdot hh'}{V} - BG\sin\phi \tag{5.3.1}$$

그림 5.16와 같이 몰수 부분을 확대해 보면

$$\begin{aligned} Oh' = Oh &= \frac{2}{3}y\cos\phi + \frac{1}{3}y\sin\phi \cdot \tan\phi \\ &= \frac{2}{3}y\left(\cos\phi + \frac{1}{2}tan\phi\sin\phi\right) \\ &= \frac{2}{3}y\cos\phi\left(1 + \frac{1}{2}tan^2\phi\right) \end{aligned} \tag{5.3.2}$$

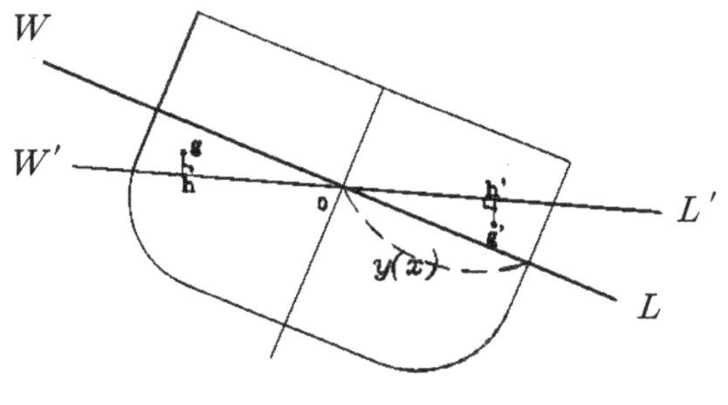

그림 5.15 수직현측선

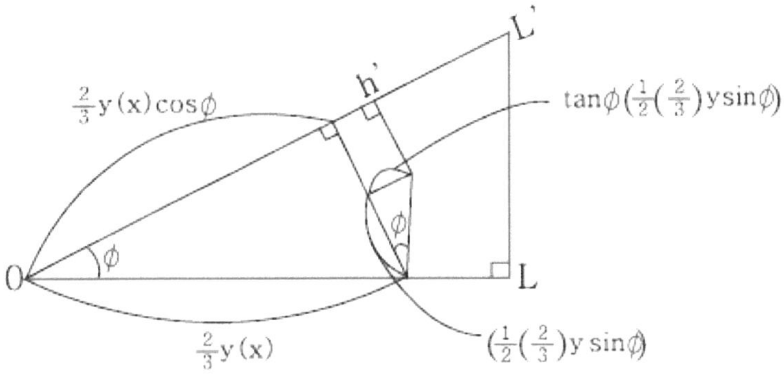

그림 5.16

또한

$$v = \frac{1}{2} tan\phi \int_L y^2(x)\,dx$$

따라서

$$\begin{aligned} v \cdot hh' &= 2v \cdot Oh' \\ &= 2 \cdot \frac{1}{2} tan\phi \int y^2\,dx \cdot \frac{2}{3} y \cos\phi \left(1 + \frac{1}{2} tan^2\phi\right) \\ &= \tan\phi \cos\phi \left(1 + \frac{1}{2} tan^2\phi\right) \int_L \frac{2}{3} y^3\,dx \\ &= \sin\phi \left(1 + \frac{1}{2} tan^2\phi\right) \cdot I_{xx} \end{aligned} \tag{5.3.3}$$

$$\begin{aligned} \therefore\ GZ &= \frac{I_{xx}}{V} sin\phi \left(1 + \frac{1}{2} tan^2\phi\right) - BG\sin\phi \\ &= \left\{BM\left(1 + \frac{1}{2} tan^2\phi\right) - BG\right\}\sin\phi \\ &= \left(GM + \frac{1}{2} BM\tan^2\phi\right)\sin\phi \end{aligned} \tag{5.3.4}$$

즉 수직 현측선의 경우, 초기 복원력 $W \cdot GM\sin\phi$에다

$$\frac{1}{2}W \cdot BM\tan^2\phi \cdot \sin\phi$$

만큼 추가로 복원력이 작용한다고 할 수 있다.

만일, 수평으로 떠있는 어떤 선박의 GM값이 -라면 이 선박은, 약간의 외력에도 횡경사하여, 특정각 ϕ_0로 기운채로 있게 된다. 이 각도 ϕ_0를 Angle of Loll 이라고 한다.

식 (5.3.4)에서, $\phi = \phi_0$일 때 GZ=0이므로,

$$GM + \frac{1}{2}BM\tan^2\phi_0 = 0$$

이라야 하고,

$$\tan\phi_0 = \sqrt{\frac{-2GM}{BM}}$$

$$\phi_0 = \tan^{-1}\sqrt{\frac{-2GM}{BM}}$$

으로 표시할 수 있다.

예제 5.14

배수량 12,250 ton인 수직현측선의 $KB = 3.8m$, $KM = 8\ m$, $KG = 8\ m$이다. 이 배에 있는 무게 2 ton의 화물을 횡으로 12 m 움직일 때, 배의 횡경사각을 구하라.

풀 이

$BM = 8 - 3.8 = 4.2m,\ GM = 0m$

경사모멘트 = $w \times l \times \cos\phi_0$

수직현측선의 복원모멘트는

$$W \cdot GZ = W(GM + \frac{1}{2}BM \cdot \tan^2\phi_0)$$

따라서

$$w \cdot l \cdot \cos\phi_0 = W \cdot \frac{1}{2}BM \cdot \tan^2\phi_0$$

$$\therefore \tan^3\phi_0 = \frac{w \times l \times 2}{W \cdot BM} = \frac{2 \times 12 \times 2}{12,250 \times 4.2}$$

$$\tan\phi_0 = 0.0977$$

답 : $\phi_0 = 5.58^\circ$

5.3.4 범선(帆船)의 균형과 복원력

바람의 세기는 일반적으로 뷰포트스케일(Beaufort Scale)로 나타낸다.

바람은 범선의 폭방향에서 불고, 돛의 단위 면적당 풍압(P)은 일정하고, 풍압중심(C.E., Center of effort)은 돛의 도심에 있다고 하자. 그리고 선체 침수 표면에 작용하는 횡방향 흐름에 의한 횡저항력의 중심을 측압중심(Center of lateral resistance, C.L,R.)로 선체 종단면의 수선하 면적의 중심이라고 가정하자. C.E.와 C.L.R. 사이의 거리를 h라 하면 바람에 의한 횡경사 모멘트 Mw는

표. 5.1 Beaufort Scale for Wind

Scale	명칭	풍속(m/s)	풍압 (kg/m^2)	해상상태
0	평온(Calm)	0.3 미만	0.1	해면이 거울 같음
1	미풍(Light air)	1.3 ~ 1.5	0.4	해면에 잔잔한 파도
2	경풍(Light breeze)	1.6 ~ 3.3	0.9	잔파를 분명히 관찰
3	연풍(Gentle breeze)	3.4 ~ 5.4	2.0	해면에 白波발생
4	화풍(Moderatre breeze)	5.5 ~ 7.9	4.0	해면 반정도에 白波
5	질풍(Fresh breeze)	8.0 ~ 10.7	7.0	해면 전체에 白波
6	웅풍(Strong breeze)	10.8 ~ 13.8	11.0	白波가 왕성하게 발생
7	강풍(Moderate)	13.9 ~ 17.1	16.0	白波가 점점 높아짐
8	질강풍(Fresh Gale)	17.2 ~ 20.7	24.0	風浪이 점점 높아짐
9	대강풍(Strong gale)	20.8 ~ 24.4	34.0	風浪이 매우 높아짐
10	전강풍(Whole gale)	24.5 ~ 28.4	46.0	風浪이 한층 더 높아짐
11	폭풍(Strom)	28.5 ~ 33.5	65.0	풍랑 격심
12	태풍(Hurricane)	33.6 이상	90.0 이상	큰 선박도 침몰 위험 있음. 풍랑이 극심함.

$$M_w = p{\cdot}A{\cdot}h \tag{5.3.5}$$

여기서 p는 kgf/m^2, A는 m^2, h는 m이다.

따라서 Mw는 $kgf-m$이다.

위 식을 tonf-m로 바꾸면

$$M_w = \frac{p{\cdot}A{\cdot}h}{1000} \tag{5.3.6}$$

이 Mw와 선체의 복원 모멘트 M_ϕ는 평형을 이루게 된다.

$$M_\phi = W{\cdot}GM{\cdot}\sin\phi \tag{5.3.7}$$

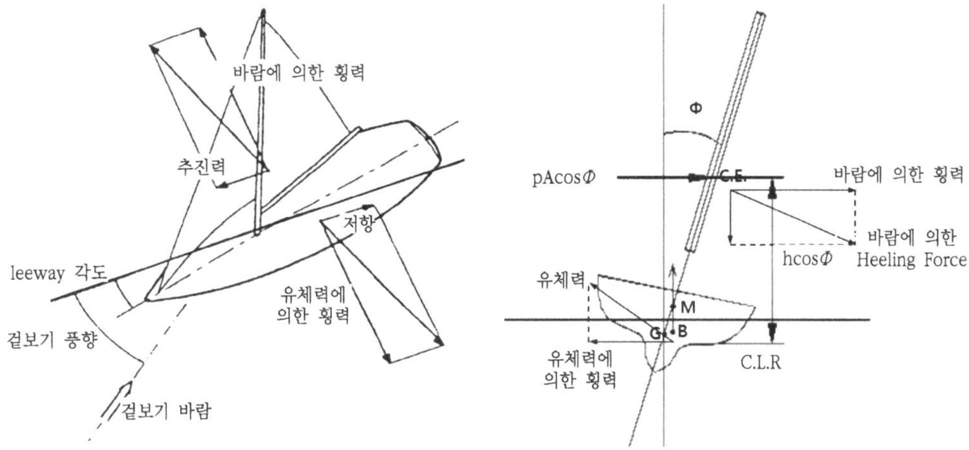

그림 5.17 범선의 균형

따라서

$$\frac{pAh}{1000} = W \cdot GM \cdot \sin\phi$$

$$\frac{\sin\phi}{p} = \frac{Ah}{1000\,WGM} \tag{5.3.8}$$

즉 단위 풍압당의 선체 경사는 돛의 면적, 풍압중심과 측압중심간의 거리에 정비례하고, 배수량과 메타센터 높이에 반비례한다.

그러나 위 식들을 좀 더 엄밀하게 구하면

$$M_w = \frac{p}{1000} \cdot Acos\phi \cdot hcos\phi = \frac{p\,Ah^2}{1000} cos^2\phi \tag{5.3.9}$$

$$M_\phi = W \cdot GMsin\phi$$

그림 5.18에서 바람에 의한 일은 Mw곡선하의 면적이고, 복원력에 의한 일은 M_ϕ곡선하의 면적이므로, 배는 면적 BEF가 면적 ABO와 같아지는 각도만큼 횡경사한다.

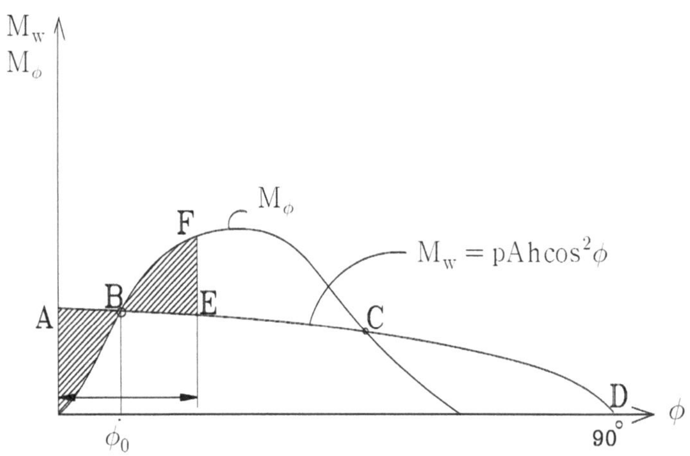

그림 5.18 바람에 의한 일과 동복원력

풍속이 그 후로도 일정하다면 배는 결국 B点의 경사각으로 정지하게 된다. 풍압 모멘트 곡선보다 위에 있는 복원 모멘트 곡선면적 BECF가 클수록 배는 돌풍에 대하여 안전하다고 할 수 있다. 이를 예비동적복원력(Reserved dynamic stability)이라 부른다. 풍압이 커져서, 면적 BECF가 면적 ABO보다 작아지면, 배는 전복하게 된다.

식 (5.3.8)에서

$$P{\cdot}A{\cdot}h = 1000\,W{\cdot}GMsin\phi \qquad (5.3.10)$$

이제 $P = 1kgf/m^2$ - (이는 풍속 약$4m/s$에 해당)인 경우,

$1000\sin\phi = Csail$ (裝帆계수) 이란 값을 정의하면

표 5.2 Csail 및 Psail 값

계 수	Csail		Psail	
풍 속	강풍	약풍	강풍	약풍
크 루 즈 형	70	90	11	14
경 주 형	90	130	7.7	11

$$C_{sail} = \frac{A \cdot h}{W \cdot GM} \ \text{(m-ton)} \tag{5.3.11}$$

이 Csail 이 클수록, 그 배에 비해 큰 돛을 가지고 있다는 뜻이고, 동일 풍속에 대해서도 추진력도 크고, 경사도 큼을 의미한다. 또, 어떤 경우에는 Csail의 역수의 1000배 값을 Psail 로 정의하여 장범력(Power to carry sail)이라한다.

$$P_{sail} = \frac{1000\, W \cdot GM}{Ah} \ \text{(m-ton)}$$
$$= \frac{1}{\sin\phi} \tag{5.3.12}$$

즉 Psail 값은 단위 풍압 하에서 강사각의 $\mathrm{cosec}\phi$를 뜻하며, 이 값이 클수록 돛에 비하여 선체 복원성이 강하고, 경사가 작아지는 것을 뜻한다.

5.3.5 포의 발사에 따른 횡경사

그림과 같이 무게 w인 포탄을 횡방향으로 속도 v로 발사할 경우, 배의 경사각 ϕ를 구해보자. W는 w에 비해 매우 크므로, 배는 제자리에서 $P\left(= \frac{d\phi}{dt}\right)$ 의 각속도로 회전한다고 볼 수 있다.

포탄에 의한 직선운동량은 $\frac{w}{g} \cdot v$이고, 이 직선운동량의 변화에 의한 힘 f는 $f = \frac{w}{g} \cdot v$이다. 따라서 포발사에 따른 G 회전 모멘트는 $\frac{w}{g} \cdot v \times \overline{AG}$이다.

한편, 수면하 물의 반작용력에 의한 모멘트틑 $f \times GH$이고 결국 G에 대한 회전 모멘트는 $\frac{w}{g} v \times AG + f \cdot GH = \frac{\overline{w}}{g} v \times (AG + GH) = \frac{\overline{w}}{g} v \times AH$이다.

한편, 이 모멘트는 배 자신의 각운동량 $\frac{W}{g} \cdot k_{XX}^2 \cdot \frac{d\phi}{dt}$와 같아야 한다.

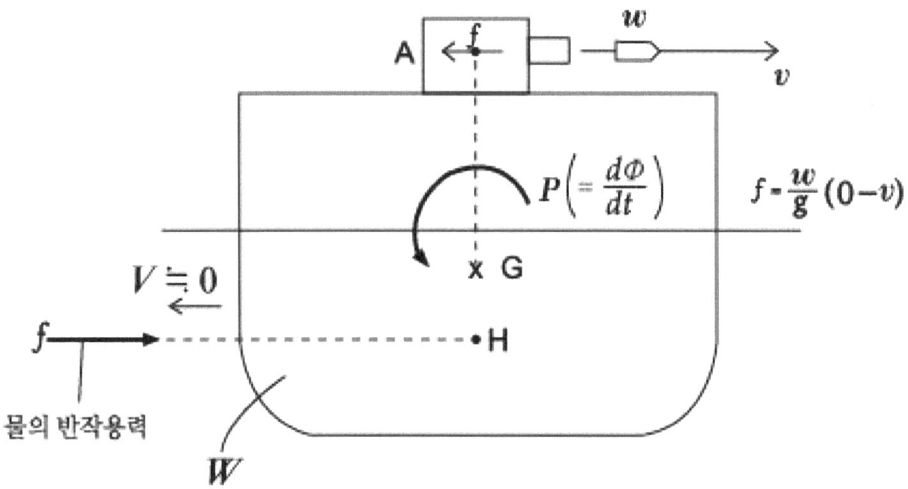

$$AH \times \frac{w}{g} \cdot v = \frac{W}{g} \cdot k_{XX}^2 \cdot \frac{d\phi}{dt}$$

한편, 배의 회전운동 에너지는 $\frac{1}{2}I\omega^2 = \frac{1}{2}\frac{W}{g}k_{XX}^2 \cdot \left(\frac{d\phi}{dt}\right)^2$이고, 배의 ϕ 경사 시 정복원력이 $W \cdot GM\phi$이므로 ϕ 경사까지 동복원력은 근사적으로 $\frac{1}{2}W \cdot GM \cdot \phi^2$이다.

따라서,

$$\frac{1}{2}\frac{W}{g} \cdot k_{XX}^2 \cdot \left(\frac{d\phi}{dt}\right)^2 = \frac{1}{2}W \cdot GM \cdot \phi^2$$

$$\therefore \phi = \left(\frac{w}{W}\right) \cdot \frac{v}{GM} \cdot \frac{\overline{AH}}{g} \cdot \frac{2\pi}{T_\phi} \quad (rad)$$

(여기서 $T_\phi = 2\pi\sqrt{\frac{k_{XX}^2}{g \cdot GM}}$ 이다.)

예제 5.15

그림과 같이 소방호스의 Nozzle에서 물이 $U = 100\ m/s$의 속도로 분사되고 있다. Nozzle의 직경은 0.5 m이다. 호스를 잡고 있는 사람이 받는 반력은 몇 N인가?

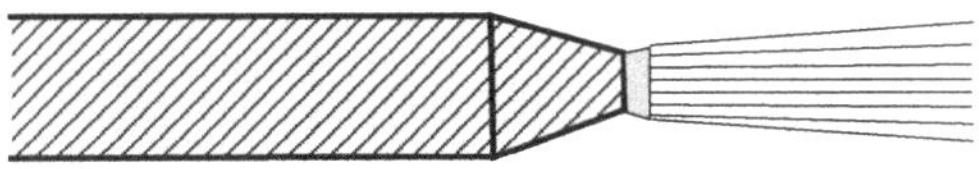

소방호스

풀 이

$$F \times \Delta t = mv_2 - mv_1, \quad m = \rho A \cdot U$$

$$F \times 1\sec = \rho A \cdot U \cdot v_2 - \rho A \cdot U \cdot U$$

여기서 $v_2 = 0$으로 놓으면

$$F = -\rho A U^2 = -1000 \times \frac{\pi}{4} \times 0.5^2 \times 100^2 = 1.96MN$$

답 : $F = 1.96MN$

5.3.6 잠수함의 복원성

잠수함이 갖추어야 할 세 가지 유체역학적 특성으로서

첫째로, 잠수함의 중량과 잠수시의 배수량이 거의 같도록 해야한다. 이 상태를 中性浮力(Neutral Buoyancy)이라한다.

둘째로, 잠수함의 L.C.G(종방향 무게중심)이 잠수시의 L.C.B(종방향 부심위치)와 같도록 하여 트림 0 (Zero trim)상태를 만들어야 한다.

셋째로, 잠수함의 무게중심(KG)이 부심(KB)보다 밑에 오도록 하여, 항상 + 복원력(Positive stability)을 갖도록 해야 한다.

$GM = KB + BM - KG$식을 적용하면, 우선 $BM = 0$이다. 왜냐하면 $BM = \frac{I}{V}$이고 몰수시 수선면적이 0이므로 $I = 0$이 되기 때문이다.

따라서

$$GM = KB - KG \tag{5.3.13}$$

이 되고 KB는 경사(φ)가 있더라도 변하지 않고 따라서 잠수함의 복원력은(S.S., Statical Stability)

$$S.S. = W \cdot BG \sin\phi \tag{5.3.14}$$

가 된다.

즉 잠수함은 부심 B를 회전중심으로 하는 물리진자와 같은 거동을 하게 된다. 즉 BG가 물리진자의 길이에 해당된다.

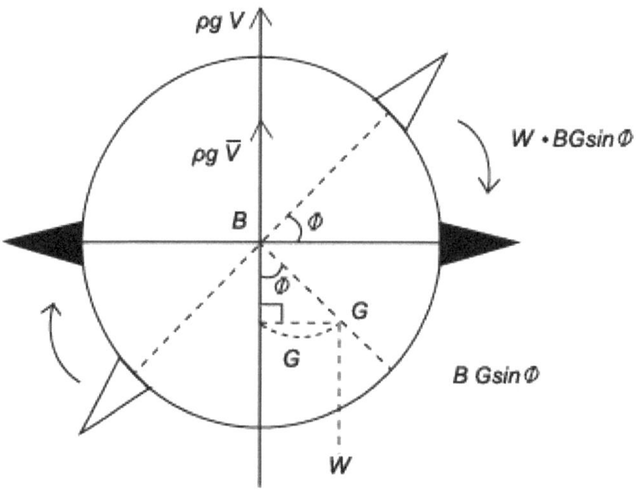

5.4 복원성기준

5.4.1 기준에 관한 변천

1950년대에 J.Rahola, Watanabe 등이 선박의 복원성에 관하여 통계적, 이론적 연구를 하여 최소한도의 복원력에 관한 기준을 제안하였다.

그 후, 여객선이나 어선 등의 복원력 부족에 연유한 해난사고가 빈번해지자, 각국마다 선박이 해상에서 안전하게 항행하기 위한 복원성 기준을 제정하게 되었다. 우리나라는 1963년 교통부령으로 선박 복원성 규정을 제정하였다. 이 규정은 IMO의 권장에 의해 총통수 5톤이상의 여객선, 연해구역 이상을 항행하는 총톤수 500톤 이상의 비 여객선, 국제 항해에 종사하는 총톤수 500톤 이상의 선박, 총톤수 5톤 이상의 수중익선 등에 적용하도록 되어 있다.

5.4.2 복원성의 판별기준

선박의 복원성을 판별하는 기준으로서는

1. GM기준(Metacentric height standard)

우선, 안정이기 위해서는 $GM > 0$ 이라야 한다.

한편 GM값은 선박의 Roll주기 T_ϕ 와 관련되므로

$$T_\phi = 2\pi\sqrt{\frac{(I_{xx}+J_{xx})}{W \cdot GM}} \tag{5.4.1}$$

한편 $I_{xx}+J_{xx} = m \cdot {k_{xx}}^2$ 이고 k_{xx}는 Roll 에 관한 겉보기 관성반경 이므로

$$T_\phi = 2\pi\sqrt{\frac{k_{xx}^2}{g \cdot GM}} \tag{5.4.2}$$

즉 GM이 너무 크면 T_ϕ 가 작아져 선박이 너무 Roll을 자주하므로 승선감이 나빠진다. 따라서 선박은 그 사용목적에 따라 적절한 GM값을 갖도록 설계되어야 한다.

반면 GM이 너무 작으면 Roll주기가 커져 승선감은 좋으나, 큰 외력이 가해질 경우 전복될 위험이 있다. GM이 너무 큰 배를 stiff ship(輕頭船), GM이 작은 배를 tender ship(重頭船)이라고 부른다.

2. 동복원력기준(Dynamic Stability Standard)

이는 돌풍이 외력으로서 작용할 때 선체가 횡요하는 경우, 동적인 일의양에 관한 규정이다.

그림 5.19와 같이 횡풍이 불어 선박이 ϕ_s란 각도로 경사할 경우를 생각하자. 이 경우 바람에 의한 경사 모멘트 아암을 D_w라 하면 바람에 의한 경사에너지는

$$W \cdot D_w \tag{5.4.3}$$

가 된다.

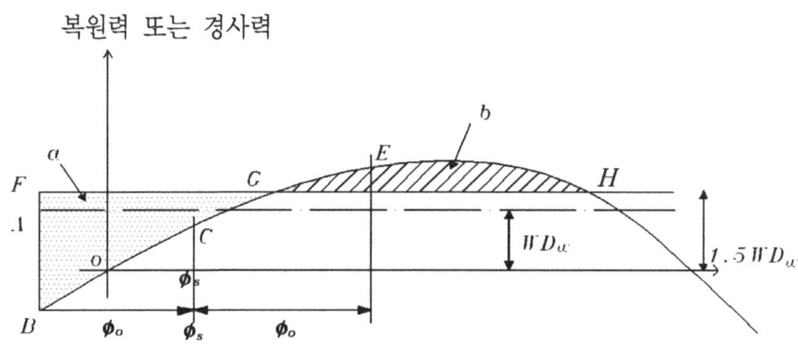

그림 5.19 동복원력 기준

한편, 바다에는 파랑이 있으므로 선박은 ϕ_s 로 정지해 있지 않고 ϕ_s 중심으로 $\pm\phi_0$ 만큼의 진폭이 변화하며 Roll운동을 하게 된다. 만일, 선체가 풍상측으로 경사한 상태(ϕ_s-ϕ_0)에서 돌풍이 불어(Dw의 1.5배 되는 경사 모멘트 아암이라 가정), 풍하측으로 향한 선체 복원력과 , 돌풍에 의한 경사력이 합세하여 갖는 에너지(일) - 그림의 FGB면적(a)이, 선박이 갖는 여분의 복원력에 의한 일 - 그림의 GEH면적(b)보다 작을 경우에만, 선박은 전복되지 않고 다시 복원될 수 있다.

즉,

$$\frac{b}{a} > 1 \tag{5.4.4}$$

일 때, 선박은 돌풍에 대한 예비 복원력(Reserved dynamic stability)이 있다는 뜻이 된다.

따라서 이 a와 b의 比를 복원성 지수 C라 하고

$$C = \frac{b}{a} > 1 \tag{5.6.5}$$

일 경우, 동적 안정이다.

3. GZmax 기준

$$GZmax > 0.0215\ B \tag{5.4.6}$$

또는,

$$GZmax > 0.0275\ m \tag{5.4.7}$$

중, 작은 값 이상일 것.

4. f 기준(Free Board Standard)

선박의 최대허용경사 ϕ_c를, 파랑 등의 영향에 대한 여유를 고려하여 건현 f의 80%로 제한한다.

따라서

$$\tan\phi_c = \frac{0.8f}{\frac{B}{2}} = \frac{1.6f}{B} \tag{5.4.8}$$

만일 ϕ_c 가 20° 라 하면

$$f \le \frac{1}{2}B\tan 20° \tag{5.4.9}$$

즉

$$f \le \frac{B}{5.5} \tag{5.4.10}$$

이다.

5.5 복원성 규정

제1장 총 칙

제 1 조 (목적) 이 령은 선박의 복원성시험과 복원성의 기준에 관한 사항을 정함을 목적으로 한다.

제 2 조 (정의) 이령에서 사용하는 용어의 정의는 다음과 같다.

1. 상갑판이란 선체의 주요부를 구성하는 갑판으로서, 2층 이상의 전통갑판을 가지고 최상층의 전통갑판의 폭로부에 상설폐쇄장치가 없는 갑판구를 가진 강선에 있어서는 최상층의 전통갑판을 말하고, 기타의 선박에 있어서는 최상층의 전통갑판을 말한다.
2. 선루는 한쪽의 선측에서 다른 쪽 선측에 이르고 상부에 갑판이 있는 상갑판상의 구조물을 말한다.
3. 해수유입각은 선박의 직립상태로부터 강도 및 수밀성에 관하여 해운관청이 유효하다고 인정하는 폐쇄장치를 갖추지 아니하는 개구의 하연이 수면에 이르기까지의 횡경사각을 말한다.
4. 복원력곡선이란 직각좌표의 횡축에 선박의 횡경사각을, 종축에 선박의 복원정을 취하여, 선박의 배수량을 달리하지 아니하고 횡경사한 때의 복원정을 표시한 곡선을 말한다.

제2장 복원성 시험

제 3 조 (시험의 내용) 복원성시험에 있어서는 경사시험 및 동요시험을 행한다. 다만 여객선이외의 선박에 있어서는 동요시험을 생략할 수 있다.

제 4 조 (경사시험)

① 경사시험은 이동중량물을 횡방향에 이동시킴으로써 선박을 횡경사 시켜 행한다.

② 경사시험에서는 모든 사용상태의 선박중심위치를 산정하는데 필요한 사항을 측정한다.

제 5 조 (동요시험)

① 동요시험은 사람의 이동, 기타 적당한 방법으로 선박을 횡요시켜 행한다.

② 동요시험에서는 모든 사용상태의 선박횡요주기를 산정하는데 필요한 사항을 측정한다.

제 6 조 (준비)

① 복원성시험을 받는 경우에 필요한 준비는 다음과 같다.

1. 바람, 파도, 조류 등의 영향을 될 수 있는 대로 적게 받는 장소를 선정하고, 선박을 복원성 시험의 실시 중에 예상되는 외력에 의한 영향을 될 수 있는 대로 피할 수 있도록 계류기타의 조치를 할 것.
2. 선박의 완성시에 탑재하는 설비, 기타의 물건은 선내 정위치에 탑재시킬 것.
3. 선박의 완성시에 탑재하지 아니하는 설비, 기타의 물건 중 복원성시험에 불필요한 것은 선내에서 제거할 것.
4. 부득이한 사정으로 제2호와 제3호에 의하기 곤난할 때는 정위치에 탑재하지 아니하거나 제거하지 아니한 것은 그 중량과 적재위치에 관한 상세한 자료를 작성할 것.
5. 선내의 모든 탱크를 비우거나 채우도록 하고, 또 탱크 이외 의 선내의 물 또는 기름을 제거할 것.
6. 부득이한 사정으로 탱크를 비우거나 채우기 곤란할 때는, 탱크내의 액체의 자유표면에 의한 영향을 정확히 산정하는데 필요한 자료를 작성할 것.
7. 선내에서 이동하기 쉬운 적재물은 복원성시험 실시 중 이동하지 아니하게 고정시킬 것.

8. 선박의 계획트림 이외의 트림을 가능한 한 적에 할 것.

② 경사시험을 받을 때에 필요한 준비는 전항의 규정 외에 다음에 의한다.

1. 선박을 횡경사 시킴에 적당한 중량의 콘크리트, 모래, 철 등의 이동중량물을 중량을 정확히 측정하여 탑재할 것.
2. 선박의 횡경사각의 측정에 진자를 사용할 때는 가능한 한 긴 진자와 그 동요를 적게 하기 위한 수조를 선박에 탑재할 것.

③ 동요시험을 받을 때에 필요한 준비는 제1항의 규정 외에 선박의 횡요각을 가능한 크게 할 수 있는 인원 또는 적당한 용구를 준비한다.

제3장 복원성의 계산

제 7 조 (복원성의 계산) 선박의 모든 사용상태에 있어서의 중심의 위치, 복원정, 횡요주기, 기타복원성에 관한 사항은, 복원성시험에 있어서의 측정치를 기준으로 하여 산정한다.

제 8 조 (부력의 산입범위)

① 복원정을 계산할 때에는 선박의 상갑판하의 부분과 선루, 기타이에 준하는 상갑판상의 구조물(이하"구조물"이라 한다.) 이외의 것의 부력은 산입하지 아니한다.

② 전항의 규정에 불구하고, 해운관청은 선박의 구조 또는 그 수밀성을 고려하여 전항의 규정에 의한 부력의 산입범위를 적당히 증감할 수 있다.

제 9 조 (동상) 전조의 규정에 의하여 부력의 산입 범위 내에 있는 구조물의 일부가 선박의 횡경사각이 해수유입각을 넘는 범위에 있을 때는 그 구조물의 부력은 산입하지 아니한다.

제10조 (액체의 자유표면의 영향) 복원성에 관한 사항의 계산에 있어서는, 선내에 있는 액체의 자유표면에 의한 영향을 고려하여야 한다.

제4장 여객선의 복원성 기준

제11조 (기존)

① 여객선의 복원성은 선박의 모든 사용상태에 있어서 다음 각호의 조건에 적합하여야 한다.

1. 한계경사각에 있어서의 복원정이 경사우력정 이상일 것.
2. 횡메타센터 높이가 양(陽)일 것

② 연해구역, 근해구역 또는 원양구역을 항행구역으로 하는 여객선의 복원성은 전항의 규정 외에 선박의 모든 사용상태에 있어서 다음 각호의 조건에 적합하여야 한다.

1. 다음 복원곡선도의 면적 GEH가 면적 FGB보다 클 것.
이 경우에 면적 GEH는 복원정이 경사 우력정의 1.5배와 같은 복원력곡선상의 점 G 및 H를 통하는 직선과 복원력곡선에 포위된 부분의 면적이며, 면적 FGB는 복원정이 경사우력정과 같은 복원력곡선상의 점 C로부터 좌편으로 횡요각과 같은 거리에 있는 종축에 평행한 직선 F 및 B를 통하는 직선과 복원력곡선에 포위된 부분의 면적임.
2. 복원정의 최대치는 선폭의 0.0215배 또는 0.275미터 중 작은 값 이상일 것. 이 경우에 선폭은 선체의 최광부에 있어서 강선에서는 늑골의 외면으로부터 외면까지, 목선에서는 외판의 외면으로부터 외면까지의 수평거리(미터)로 한다.

제12조 (한계경사각) 전조의 한계경사각은 다음의 산식을 만족하는 α로 한다.

$\tan\alpha = 0.80\tan\beta$ 이 경우에 β는 다음의 각호 중 최소치로 한다.

1. 선박의 직립상태로부터 현단이 수면에 달할 때까지 횡경사각
2. 20도
3. 해수유입각

제13조 (복원정) 제11조의 한계경사각에 있어서의 복원정은 평수구역을 항행구역으로 하는 선박에 대하여 해운관청이 지앙이 없다고 인정할 때는 다음의 산식으로 정할 수 있다.

$GM \cdot \tan\alpha$(미터)

이 경우는 GM은 선박의 횡메타센터 높이(미터), α는 선박의 한계 경사각

제14조 (경사우력정) 제11조 제 1항의 경사우력정의 다음의 산식으로 정한다.

$$\frac{1.71 \cdot A \cdot H + 0.214 \sum (7 - \frac{n}{a}) nb}{100\,W} \text{ (미터)}$$

이 경우에 A는 직립상태에 있는 선박의 흘수선상의 부분의 선체종단면에 대한 투영면적 (평방미터) H는 선박의 선체종단면에 대한 투영에 있어서 직립상태에 있는선박의 흘수선상의 부분의 중심으로부터, 흘수선하의 부분의 중심까지의 수직거리(미터)

n는 여객탑재장소마다의 여객수

a는 여객탑재장소마다의 상면적(평방미터)

b는 여객탑재장소마다의 여객이 이동 가능한 평균 폭(미터)

W는 배수량(톤)

제15조 (동상) 제11조 제2항의 경사우력정은 다음의 산식으로 정한다.

$$\frac{KAH}{W} \text{ (미터)}$$

이 경우 A, H 및 W는 각 전조의 A H 및 W와 같음.

k는 다음의 표에 게기한 계수

선박의 종류	K
근해구역 또는 원양구역을 항행구역으로 하는 선박	0.0514
연해구역을 항행구역으로 하는 선박	0.0274
평수구역을 항행구역으로 하는 선박 및 연해구역의 항행예정 시간이 2시간 미만의 선박	0.0171

제16조 (횡요각)

① 제11조의 횡요 각은 다음의 산식으로 정한다.

$\sqrt{\frac{138\gamma s}{N}}$ (도)

이 경우에

γ는 제2항에서 규정하는 계수

s 는 제3항에서 규정하는 계수

N은 계수로서, 빌지 킬을 보유하는 보통선형의 선박에 있어서는 0.02, 기타의 선박에 있어서는 해운관청이 정하는 치

② 계수 γ는 다음의 산식으로 정한다.

$$\gamma = 0.73 + 0.6\frac{OG}{d}$$

이 경우 OG는 직립상태에 있는 선박의 중심으로부터 수선면까지의 수직거리(미터) 다만 선박의 중심이 수선면하에 있을 때는 부로 한다. d는 강선에 있어서는 킬의 상면에서, 목선에 이어서는 킬의 라벳트의 하연에서 특정한 선박의 평균흘수(미터)

③ 계수 s 는 다음의 산식으로 정한다.

다만 0.1보다 클 때에는 0.1로 하며 0.035보다 작을 때에는 0.035로 한다.

$s = p - qT$

이 경우에

T는 선박의 횡요주기(초)

p 및 q는 다음의 표에 의한다.

선박의 종류	p	q
근해구역 또는 원양구역을 항행구역으로 하는 선박	0.151	0.0072
연해구역을 항행구역으로 하는 선박	0.153	0.0100
평수구역을 항행구역으로 하는 선박 및 연해구역의 항행예정 시간이 2시간 미만의 선박	0.155	0.0130

제17조 (특수한 여객선) 특수한 구조 또는 형상을 가진 여객선으로, 해운관청이 제11조 내지 제 16조의 규정을 적용함이 부적당하다고 인정하는 것의 복원성의 기준은 해운관청이 적당하다고 인정하는 바에 의한다.

제5장 어선의 복원성 기준

제17-2조 (기준)

① 어선의 복원성은 횡 메타센터 높이가 모든 사용상태에 있어서, 다음 산식으로써 산정한 값 이상이 되는 것으로 한다.

$0.04B+\alpha\frac{B}{D}-\beta$ (미터)

이 경우에

B는 선체 최광부에 있어서 늑골의 외면으로부터 외면까지의 선폭(미터) D는 선박의 길이의 중앙에 있어서 킬의 상면으로부터 상갑판량의 현측에 있어서의 상면까지의 선박의 깊이(미터), 다만 $\frac{B}{2}$보다 클 때는 $\frac{B}{2}$로 한다.

α는 강선에 있어서는 0.54, 목선에 있어서는 0.28 β는 다음 표에 제시하는 값 F는 건현(미터)

$\frac{F}{D}$이 이 표에 제시하는 것의 중간에 있을 때는, 보간법에 의하여 β를 산정한다.

F/D	β		F/D	β		F/D	β	
	강선	목선		강선	목선		강선	목선
0.11	0.881	0.313	0.18	1.024	0.454	0.26	1.076	0.511
0.12	0.903	0.333	0.19	1.035	0.456	0.27	1.08	0.513
0.13	0.925	0.353	0.2	1.044	0.474	0.28	1.084	0.516
0.14	0.945	0.372	0.21	1.051	0.484	0.29	1.087	0.518
0.15	0.964	0.391	0.22	1.058	0.49	0.3	1.09	0.521
0.16	0.981	0.408	0.23	1.063	0.496	0.31	1.092	0.523
0.17	0.997	0.424	0.24	1.068	0.501	0.32	1.095	0.525
0.18	1.012	0.439	0.25	1.073	0.506			

② 해운관청이 특수한 방법이라고 인정하는 방법에 의하여 어로에 종사하는 어선에 있어서는, 한계경사각에 있어서의 복원정은, 어구 등의 조작에 의하여 생기는 경사 우력정 이상이 되어야 한다.
이 경우, 한계경사각은 해당어선이 직립상태로부터 현단이 수면에 이르기까지의 횡경사각 (그 횡경사각이 12도 보다 클 때는 12도)으로 한다.

제17-3조 (특수한 어선) 특수한 구조 또는 형상을 갖는 어선으로서 해운관청이 전조 제1항의 규정을 적용하는 것이 부적당 하다고 인정하는 것에 대한 복원성의 기준은 해운관청이 적당하다고 인정하는 바에 의한다.

제6장 소형선의 복원성

제18조 (소형선의 복원력) 소형선의 복원성에 대하여는 제3조로부터 제17조까지의 규정에도 불구하고 이 장에서 규정하는 바에 의한다.

제19조 (복원성시험의 방법) 복원성시험은 사람 및 화물을 탑재하지 않고 연료, 물 및 설비를 정위치에 탑재한 상태에서, 이동중량물을 횡방향으로 이동하여 선박을 횡경사 시킴으로써 행한다.

제20조 (복원력의 산정) 소형선의 복원력은 다음의 산식에 의하여 산정하는 것으로 한다.

$$M = \frac{Wl}{\tan\theta}$$

이 경우에

M은 복원력(톤 - 미터)

W는 복원성시험에 사용한 이동중량물의 중량(톤)

l은 W의 수평 횡방향의 이동거리(미터)

θ는 W를 l 만큼 이동하였을 때의 선박의 횡경사각

제21조 (복원성의 기준) 전조의 규정에 의하여 산정한 복원력은 다음 산식을 만족하는 것으로 하여야 한다.

$$M < \frac{N}{100}(6 + 6H - 10.5d + \frac{1.1B\overline{B}}{2F})$$

이 경우에

M은 복원력 (톤-미터)

N은 여객수

H는 킬의 상면으로부터 객석의 마루상면까지의 평균의 높이(미터)

B는 선박 최광부에 있어서 늑골의 외면으로부터 외면까지의 선폭(미터)

$\overline{B}$ 는 여객이 이동 가능한 평균 폭(미터)

d는 복원성 시험시 킬의 상면으로부터 측정한 평균흘수(미터) F는 다음 산식으로 써 산정한 값(미터), 다만 $\frac{B}{5.5}$ 보다 클 때는 $\frac{B}{5.5}$ 의 값으로 한다.

$$F = f - 0.34\frac{A}{LB}$$

이 경우에

A는 각 객석의 면적의 합계 (평방미터)

L은 상갑판의 상면에 있어서 선수재의 전면으로부터 타두재의 중심까지의 선박의 길이(미터)

f는 복원성 시험 때의 건현(미터)

第22조 (특례) 특수한 구조 또는 형상을 갖는 소형선으로서 전3조의 규정에 따르는 것이 부적당하다고 해운관청이 인정하는 것의 복원성시험의 방법과 복원력의 산정 및 기준에 대하여는 해운관청이 적당하다고 인정하는 바에 의한다.

부 칙

이령은 공포한 날로부터 시행한다.

부록 1 조선관련 용어

A

약 자	원 어	의 미
A.	Angle	앵글
	Compresses Air	압축 공기
A/B	Above base line	기선(基線) 상부
ABS.	American Bureau of Shipping	미국 선급
ABT.	About	약(約)
AC	Acetylene	아세틸렌
A.C.C.	Automatic Combustion Control	보일러 자동연소제어
A.C.C.T.	Automatic Combustion Control Test	자동연소 조정시험
A/C	Air Conditioner	에어컨/공기조절장치
	Anti Corrosive	방청 도료
A/C RM	Air Conditioner Room	에어컨 실
A.C.V	Air Cushion Vehicle	공기 부양선
A.D	Air Duct	공기 통로
A.E.	Auxiliary Engine	보조 기관
A/F	Anti Fouling	오염 방지 도료
A/H	Air Hole	공기 구멍
A.H.U.	Air Handing Unit	공기 조화기

A.I.S	Automatic Identification System	선박위치 자동표시장비
A.L	Air Lock	공기로커
	Anchor Light	정박등
Al	Longitudinal Area of Ship	선박 측면적
ANT.	Antenna	안테나
A.M.R	Auxiliary Machinery Room	보조 기관실
A.M.S	Alarm & Monitoring Room	각종경보 및 감시장치
AMP	Ampere	전류
	Amplifier	증폭기
A.P.	Aft Perpendicular	선미 수선
APPROX.	Approximate	대략
A.P.T.	Aft Peak Tank	선미 피크 탱크
ARR'T	Arrangement	배치
AUX. MACH. RM	Auxiliary Machinery Room	보조 기계실
A_R	Rudder Area	타면적
A.R.P.A	Automatic Rudder Floating Aids	레이다 프로팅 자동 보조장치
A.T	Air Escape Trunk	통풍관
At	Transverse Area of Ship	선박 횡면적
A.U.T.	Unattended Machinery Space	GL 선급 무인화 등급
AUTO.	Automatic	자동
A.V.	Air Vent	공기 배기용 창
AWNING	Awning	천막
A.W.W.F	Australian Waterside Workers Federation	호주 연안 노동자 연합

B

약 자	원 어	의 미
B.	Bed	침대
	Bench	벤치
	Bitt	비트
	Bollard	계선주(繫船柱)
B(MLD)	Breadth(Moulded)	형폭(型幅)
BALLAST CONT.RM	Ballast Control Room	발라스트 조정실
BATT. RM	Battery Room	축전지 실
B.B.C.	Bare Boat Charter	단순 나용선
BHD	Bulkhead	격벽(隔壁)
BHP	Brake Horse Power	제동마력
BKT	Bracket	브래킷
B.L.	Base Line	기준선
	Buttock Line	횡단면선
B/L	Bill of Lading	선하 증권
BOAT DK	Boat Deck	단정갑판
B.O.D.	Biochemical Oxygen Demand	생물화학적산소요구량
B.O.G.	Boil Off Gas	보일오프가스
BOSUN RM	Boatswain Room	갑판장 실
BOSUN STR	Boatswain Store	갑판장 창고
B.R.	Bilge Radius	빌지부 반경

BRIDGE DK	Bridge Deck	선교류 갑판
B.S.	British Standards	영국표준공업규격
B.V.	Bureau Veritas	프랑스 선급
B.W.	Bilge Well	오수정(汚水亭)
	Ballast Water	물밸러스트

C

약 자	원 어	의 미
C.A.C.C	Centralized Administration & Control Center	중앙 집중 제어실
CADET RM	Cadet Room	견습생실
CAFE.	Cafeteria	카페
CAP./CAPT	Capstan	계선기
CAPT. RM	Captain Room	선장실
Cb	Block coefficient	방형 비척 계수
C.C.T.V	Closed Circuit Television	폐쇄회로 T.V
C/D	Cable Duct	케이블관
C/E, C/ENG	Chief Engineer	기관장
C.E.O	Chief Executive Officer	최고경영자
C.G.T	Compensated Gross Tonnage	보정톤수
C.H. or C/H	Cargo Hold	화물창
C.L	Center Line	중심선
Cm	Midship Section Coefficient	중앙횡단면계수
C/O, C/OFF	Chief Officer	일등 항해사

COFF.	Cofferdam	코퍼댐
COLREG	International Regulation For Preventing Collision At Sea	해상충돌방지에관한 국제 협약
COT	Cargo Oil Tank	화물유 탱크
C/P	Capacity Plan	용적도
Cp	Prismatic Coefficient	주형계수
C.P.P	Controllable Pitch Propeller	가변 피치 프로펠러
C.R.T	Cathode-Ray Tube	음극선 브라운관
Cvp	Vertical Prismatic Coefficient	연직주형 계수
Cw	Water Plane Coefficient	수선면적 계수

D

약 자	원 어	의 미
D	Draft	흘수
D(mld)	Moulded Depth	형깊이
Da	Aft draft	선미흘수
Df	Fore draft	선수 흘수
D/B	Double Bottom	이중저
dB	Decibel	데시벨(소음측정단위)
D/B W.B.T.	Double Bottom Water Ballast Tank	선저 탱크
D.C.	Direct Current	직류
DEEP T.	Deep Water Ballast Tank	심수조
D/G	Diesel Generator	발전기
DHP	Delivered Horse Power	전달마력

DIA	Diameter	직경
DIN	Deutsch Inusstrie Normen	독일공업규격
DK	Deck	갑판
SK STR	Deck Store	갑판 창고
D/L	Deliver	인도
D.L.W.L	Designed Load Water Line	계획 만재 흘수선
D/M	Deadweight Measurement	중사 시험
DN	Down	내려감
DNV	Det Norske Veritas	노르웨이 선급
DO	Ditto	상동(上同)
D.O.	Diesel Oil	디젤 연료유
D.O.T.	Diesel Oil Tank	디젤오일탱크
	Department Of Trade	영국 통상성 (英國通商省)
	Department Of Transportation	미국 운수성 (美國運輸省)
DWT	Deadweight	재화중량톤
D.W.T.	Drinking Water Tank	식용수 탱크
	Distilled Water Tank	증류수 탱크

E

약 자	원 어	의 미
E.C	European Communities	구주(歐洲)공동체
E.C.C.	Emergency Control Console	보조 제어판
E.H.	Engine Room Hatch	기관제어실

EHP	Effective Horse Power	유효마력
ELEV.	Elevator	승강기
E.M.I.	Electro Magnetic Interference	전자파 방해
E.M.LOG	Electro Magnetic Speed Log	전자기 속도 측정기
ENG.STR	Engine Store	기관창고
ENT.	Entrance	출입구
E.P.I.R.B	Emergency position Indicating Radio Beacon	비상조난위치 표시 및 발신기
E/R	Engine Room	기관실
E.S/ or E/S	Echo Sounder	음향측심기
E.S.B E.S.B.D	Emergency Switch Board	비상 배전반
E.S.C.R	Engine Sub Control Room	기관 보조 제어실
E.T.	Escape Trunk	비상찰출구
E.T.A.	Estimated Time of Arrival	도착 예정시간
	Emergency Towing Arrangement	비상예인설비
E.T.D.	Estimated Time of Departure	출발 예정시간
E.U.	European Union	구주동맹
EXH.G.	Exhaust Gas	폐출 개스
EXT.	Extreme	끝, 선단

F

약 자	원 어	의 미
F'cle	Forecastle Deck	선수루 갑판

F.D.A	Food and Drug Administration	시품 의약품국(미국)
FDN	Foundation	고정대, 받침대
FEU	Forty-foot Equivalent Unit	40피트 콘테이너
FL	Fairleader	페어리더
F.M., F/M	Fore Mast	선수 마스트
Fn	Froude Number$(= V/\sqrt{gl})$	속장비(速長比)
F.O.	Fuel Oil	연료유
FOB	Free On Board	선상 인도 조건
F.O.OVER.T	Fuel Oil Overflow Tank	연료유 넘침 탱크
F.O.SERV.T	Fuel Oil Service Tank	연료유 서비스 탱크
F.O.SETT.T	Feuel Oil Setting Tank	연료유 셋팅 탱크
F.O.T.	Fuel Oil Tank	연료 탱크
F.P.	Fore Perpendicular	선수 수선
FPP	Fixed Pitch Propeller	고정 피치 프로펠러
F.P.T.	Fore Peak Tank	선수 피크 탱크
FR.#	Frame Number #	늑골번호
F.R.P	Fiber-glass Reinforced Plastic	유리섬유보강플라스틱
F.S.	Frame Space	늑골간격
F.W.	Fresh Water	청수(淸水)
FWD	Forward	앞쪽으로
F.W.T	Fresh Water Tank	청수(淸水) 탱크

G

약 자	원 어	의 미
G/A	General Arrangement	일반 배치도
G.A.T.T	General Arrangement On Tariffs And Trade	관세 무역 일반 협정
G/E	General Engine	발전기
GIR.	Girder	거더
GL	Germanischer Lloyd	독일선급현회
GMDS	Global Marine Distress & Safety System	세계 해상 조난 및 안전장치
G.N.P.	Gross National Product	국민 총생산
GPS	Global Positioning System	위성 항법 장치
GRAV.T	Gravity Tank	중력식탱크
G/T	Gross Tonnage	총 톤수
GM	Metacentric Height	메타센터 높이
GYM.	Gymnasium	체육관

H

약 자	원 어	의 미
H.	Hatch	창구
H.D.D.	Hard Disk Drive	하드 디스크 드라이브
H.F.	High Frequency	고주파
H.F.O	Heavy Fuel Oil	중유
H.F.O.T	Heavy Fuel Oil Tank	중유 탱크
HOSP.	Hospital	병실

H.P.	Horse Power	마력
H.T.	High Tensile Steel	고장력강(高張力鋼)
H/C	Hatch Cover	창구 덮개
HYD. P/P	Hydraulic Pump	유압 펌프

I

약 자	원 어	의 미
IACS	International Association of Classification Societies	국제선급협회연합
IAEA	International Atomic Energy Agency	국제 원자력 기구
I.C.	Integrated Circuit	직접(直接) 회로
ICCP	Impressed Cathodic Current Protection	선체부식 방지 장치
ICLL	International Convention On Load Lines	국제만재흘수선조약
I/E	Inclining Experiment	경사 시험
I.F.O	Intermediate Fuel Oil	중간연료유
I.G.	Inert Gas	불활성 가스
I.G.G.	Inert Gas Generator	Inert가스 제조장치
ILO	International Labor Organization	국제 노동 기구
IMF	International Monetary Fund	국제 통화 기금
IMO	International Maritime Organization	국제 해사기구
ITTC	International Towing Tank Conference	국제시험수조협회
INTERTANKO	International Association of Independent Tanker Owners	국제독립탱커선주협회

J

약 자	원 어	의 미
JIS	Japanese Industrial Standard	일본표준공업규격
J/O	Junior Office	하급사관

K

약 자	원 어	의 미
KB	Vertical Center of Buoyancy above Base Line	수직방향 부력중심
KG/VCG	Vertical Center of Gravity above Base Line	수직방향 무게중심
K.L.	Knuckle Line	너클선
	Keel Line	용골선
K/L	Keel Laying	기공
KMT	Transverse Metacentric above Base Line	횡 메타센터 높이
Kq	Torque Coefficient	토크 계수
KR	Korean Register of Shipping	한국선급
KS	Korean (Industrial) Standard	한국표준공업규격
Kt	Thrust Coefficient	추력계수
KT	Kilo Ton	킬로 톤
KTS	Knots	노트

L

약 자	원 어	의 미
LAB.	Laboratory	연구실
Lan	Lacal Area Network	근거리 총신망
LAV.	Lavatory	수세실(水洗室)
L.B.	Life Boat	구명정(救命艇)
LBP	Length Between Perpendiculars	수선간 길이(垂線間長)
L/C	Launching	진수(進水)
	Letter of Credit	신용장(信用狀)
L.C.B.	Longi. Center of Buoyancy	종방향 부력중심
L.C.F.	Longi. Center of Floatation	종방향 부면심
L.C.G.	Longi. Center of Gravity	종방향 무게중심
Lf	Freeboard Length	등록길이
LL	Load Line	만재흘수선
L/M	Lightweight Measurement	경하중량산정시험
LNG	Liquefied Natural Gas	액화 천연가스
L.O.	Lubricating Oil	윤활유
LOA	Length Over All	선체 전길이
LO/LO	Line On / Line Off	라인 온 / 라인 오프
LONGL	Longitudinal	종통재
LORAN	Long Range Navigation	장거리용 항법 시스템
L.O.T.	Lubricating Oil Tank	윤활유 탱크
L.P.G.	Liquified Petroleum Gas	액화 석유가스

LR	Lift Raft	뗏목(배)
	Lloyd's Register of Shipping	영국선급협회
L.S.T.	Landing Ship for Tnaks	전차 상륙용 함선
L.W.L	Load Water Line	흘수선
LWT(LWT)	Lightweight	경하중량

M

약 자	원 어	의 미
MAX.	Maximum	최대
M.C.	Magnetic Compass	자기 나침의
MCR	Maximum Continuing Rating	최대 연속 출력
M.D.O.	Marine Diesel Oil	해상용 디젤 연료유
M/E	Main Engine	주기관
MEPC	Marine Environment Protection Committee	해상환경보호위원회
M.H.	Man Hole	해치(선박)
MIG	Metal Inert Gas Arc Welding	MIG 용접
MRS	Material Requirement Sheet	자재소요 요구서
M/S	Motor Ship	내연기관선
MSB	Main Switch Board	주배전반
MSC	Marine Safety Committee	IMO해사안전위원회
M.S.L.	Morse Signal Light	모스신호등
MT	Metric Ton	미터톤
M/T	Main Turbin	주기관

	Model Test	모델시험
MTC	Moment To Change 1cm Trim	1cm 트림변화를 일으키는 모멘트량
M/H	Man Hole	맨 홀
MARPOL	International convention for the Prevention of Pollution from Ships	해상오염방지조약
MIC	Microns	미크론
MODEM	Modulator / De-modulator	변/복조기
M.V.	Mushroom Ventilator	버섯형 통풍관
M/V	Motor Vessel	내연기관 선박

N

약 자	원 어	의 미
N.C.	Numerical Control	수치제어
NCR	Normal Continuous Rating	정상연속 출력
NCR	Non - Conformity Report	불일치 보고서
NT, N/T	Net Tonnage	순톤수

O

약 자	원 어	의 미
OBO	Ore. Bulk. Oil carrier	광석, 벌크, 오일 운반선
OECD	Organization for Economic Cooperation and Development	경제 협력 개발기구
OFF.	Officer	사관(士官)
OUFITT	Outfitting	의장

P

약 자	원 어	의 미
P	Port	좌현
P&S	Port & Starboard	좌우현
P.C.	Product Carrier	석유제품운송선
P.C.C.	Pure Car Carrier	자동차운송전용선
POS	Purchase Order Specification	자재 발주 사양서
PPM	Part(s) Per Million	100만분의 1
PROV.CRANE	Provision Crane	프로비젼기중기
P/R	Pump Room	펌프실
P.S.	Post Script	추신(追伸)
P.W.T.	Portable Water Tank	이동식 식수 탱크

Q

약 자	원 어	의 미
Q	Torque	토크
Q.M.	Quater Master	조타수
QTY. Q'ty	Quantity	수량

R

약 자	원 어	의 미
RAM	Random Access memory	읽기/ 쓰기 메모리
R&D	Research and Development	연구 및 개발
RDD	Request Delivery Date	인도(입고) 요구 일자
RDF	Radio Direction Finder	무선방향 탐지기
REF.	Reference	참조
REF.	Refrigerator	냉장고
REF. STR	Refrigeration Store	냉동창고
REV.	Revision	개정
R_f	Friction Resistance	마찰저항
R.H.	Rope Hatch	로프해치
R.L.	Red Light	홍등
RM	Room	방
R_n	Reynolds Number	레이놀즈 수
ROM	Read Only Memory	읽기 전용 메모리
R/OFF, RM	Radio Officer Room	통신사실
RPM	Revolution Per Minute	분당 회전수
R.T.	Rudder Trunk	타(舵)트렁크
R_t	Total Resistance	전저항
R_r	Residual Resistance	잉여저항
R_v	Viscous Resistance	점성저항
R_w	Wave making Resistance	조파저항

S

약 자	원 어	의 미
S	Starboard	우현
S.B.G.	See - Berufsggenossenschaft	독일 항만청
S.B.T.	Segregated Ballast Tank	분리 발라스트 탱크
S/C	Sea Chest	해수 흡입 상자
	Steel Cutting	강재절단
S.F.	Stowage Factor	화물적하계수
S.G.	Specific Gravity	비중
S/G	Steering Gear	조타기
SHP	Shaft Horse Power	축마력
S.L.	Side Light	현등(舷燈)
	Search Light	탐조등(探照燈)
S.L.W.L.	Summer Loaded Water Line	만재흘수선
SNAME	Society of Naval Architecture & Marine Engineers	미국 조선해양 공학회
SOLAS	International Convention for The Safety Of Life At Sea	해상인명안전에 관한 국제조약
SONAR	Sound Navigation And Ranging	음탐(音探) 장치
S/T	Sea Trial	시운전
	Stern Tube	선미튜브
STB'D	Starboard	우현
STIFF	Stiffener	보강재
SUS	Stainless Steel	스테인레스강
SWBD	Switchboard	배전반(配電盤)

S.W.B.T.	Side Water Ballast Tank	측면 물 발라스트탱크
S.W.	Sea Water	해수
SYM.	Symmetrical	대칭
SYS.	System	시스템(系)
S.W.L.	Safety Working Load	안전작동 부하

T

약 자	원 어	의 미
T.	Trunk	트렁크
	Ton	톤
	Thrust	추력(推力)
t	Thrust Deduction Factor	추력감소계수
T.BHD	Transverse Bulkhead	횡 격벽
TEU	Twenty-foot tonnage Equivalent Unit	20피트 컨테이너 환산단위
T/G.	Turbine Generator	터빈 발전기
THK	Thickness	두께
TIG	Tungsten Inert Gas Welding	TIG 용접
TK	Tank	탱크
TPC	Ton Per 1cm Immersion	1cm당 침수시 배수톤
T/S	Trim & Stability	트림 & 안정성
TRANS.	Transverse	횡 격벽
TYP.	Typical	전형적

U

약 자	원 어	의 미
UHF	Ultra High Frequency	극 초단파
ULCC	Ultra Large Crude il Carrier	초대형 유조선
UMA	Unattended Machinery Automation	무인화 등급
UP	Upward	위쪽
UPP.DK	Upper Deck	상갑판
USCG	United States Coast Guard	미국 연안경비대

V

약 자	원 어	의 미
V. or VENT	Ventilation	통풍(通風)
VAT	Value Added Tax	부가 가치세
VCG	Vertical Center Of Gravity	수직방향 무게 중심
VERT.	Vertical	수직
VHF	Very High Frequency	초단파
V.L.	Vertical Ladder	수직 사다리
VLCC	Very Large Crude oil Carrier	초대형 원유 운반선

W

약 자	원 어	의 미
w	Wake	반류(伴流)
W.B.T.	Water Ballast Tank	물 발라스트 탱크
W/C	Water Closet	수세식(水洗式) 화장실
	Work Commencement	착공(着工)
W/H	Wheel House	조타실, 항해실
W.L.	Water Line	수선(水線)
WSA	Wetted Surface Area	침수표면적(浸水表面積)
W.T. BHD	Water Tight Bulkhead	수밀 격벽(水密隔壁)
WTO	World Trade Organization	세계 무역 기구
W.T.	Water Tight or Weather Tight	수밀(水密)혹은 풍우밀(風雨密)

부록 2 물리량과 공학단위

1) 속도 (Velocity) v : m/s
   1 knot= 0.5144 m/s, 1 mph=1.609 km/h

2) 각속도 (Angular Velocity) ω : 1/sec

3) 가속도 (Accelerlation) a : m/s^2
   중력가속도 (g) = 9.8 m/s^2

4) 각가속도(Angular Acceleration) α : $1/s^2$

5) 힘 (Force) F : $kg.m/s^2$
   慣性力(Inertial Force) F=m•$\ddot{x}$, 減衰力(Damping Force) F=c•$\dot{x}$,
   復原力 (Restoring Force) F=k•x
   1 N (Newton) = 1.0 $kg.m/s^2$
   1 dyne = 1.0 $g.cm/s^2$ =10^{-5} N
   1 kgf (kg중) = 9.8 $kg.m/s^2$ = 9.8 N

6) 모멘트 (Moment) M : N.m
   M = F•l , l : 회전 중심에서, 힘 F의 작용점까지의 거리 (Lever, Arm)
   회전력(Torque) = $I_p\alpha$, 회전운동 : $\frac{dH}{dt} = M$

$$\therefore \frac{d(I_p \cdot \dot{Q})}{dt} = I_p Q \dot{=} I_p \cdot \alpha$$

   I_p : 축에대한 물체의 극관성모멘트 α: 회전 각가속도 (=$\ddot{\theta}$)

7) 일(Work) = 에너지 W : N.m (= $kg{\cdot}m^2/s^2$)

W=F×s $=\frac{1}{2}mv^2$(s : 변위), 회전운동 $\overline{W}=\frac{1}{2}w \cdot H=\frac{1}{2}w^2 I_p$($\theta$: 각변위)

1 J (Joule) = 1 $kg{\cdot}m^2/s^2$ = 1N.m

1 erg = 1 $g{\cdot}cm^2/s^2$ = 10^{-7} J

8) 일률 (Power) P : J/s (= $kg{\cdot}m^2 / s^3$)

$P=\frac{W}{s}$, s: 일을 행해진 시간

1 W (Watt) = 1 J/s , 1 馬力 (HP) = 746 Watt

9) 각주파수(Cricular Frequency) ω : 1/s

10) 주파수(진동수) (Frequency) f : 1/s

1 Hz (Hertz) = 1.0 rev/s =1.0 s^{-1}

rps, rpm

11) 주기 (Period) T : sec

T=2π/ω, f=1/T, ω=2πf

12) 압력 (Pressure) P : N/m^2

$P=\frac{N}{A}$, (N: Normal force, A: N이 작용하는 면적)

正壓 Positive Pressure, 負壓 Negative Pressure

1 Pa (Pascal) = 1.0 N/m^2

1 atm =101.325 kPa = 760mmHg

1 bar= 100 kPa

1 torr = 1 mmHg

1 psi

13) 밀도 (Density) ρ : kg/m^3

$\rho = \dfrac{m}{V}$, (m: 질량, V ; 부피)

물 (15 ° C)의 밀도 = 1000 kg/m^3

공기(27 ° C)의 밀도 = 1.177 kg/m^3

14) 비중 (Specific Gravity) s : 1

비중 = (어떤 물질 $1m^3$ 무게 / 물 $1m^3$ 의 무게)

담수비중 = 1.0 해수비중 =1.025

15) 비중량 (Specific Weight) γ : N/m^3

$\gamma = \rho g$

W(무게)= $\rho g \nabla$ ∇ : 어떤 물체의 체적

16) 점성계수(Viscosity) μ : Pa•s = N•s/m^2 =kg/(m•s)

Newton의 점성법칙 $\tau = \mu \dfrac{\partial u}{\partial y}$

1P (Poise) : cgs단위의 점성계수 , 즉 1P = 1.0 gram/(cm•s)

1 Pa•s = 10 poises

17) 동점성계수 (Kinematic Viscosity) ν : m^2/s

$\nu = \mu / \rho$

1 St(Stoke) : cgs단위의 동점성계수, 즉 1 St = 1.0 cm^2/s

물 (15 ° C)의 동점성계수 1.141×10^{-6} m^2/s

공기(27 ° C)의 동점성계수 15.68×10^{-6} m^2/s

18) 운동량 (Momentum) p = mv

어떤 운동 물체의 운동량을 변화시키려면, 외부에서 그 물체에 힘이 가해져야 한다.

각운동량 $H = I \cdot \omega$

19) 충격량(Impact) I $= mv - mv_0$ =△mv =F•△t

F : 충격력 , △t : 충격시간

$F = \dfrac{\Delta mv}{\Delta t}$ = m•a

20) 법선응력 (Normal Stress) σ : N/m^2

21) 접선응력(전단응력 Shear Stress) τ : N/m^2

22) 질량관성모멘트 (Mass moment of inertia) $I_{xx} = mk_{xx}^2$

k_{xx} : 관성반경(Radius of gyration)

I_p : 극관성반경 (Polar moment of inertia)

23) 면적 2차모멘트(2nd moment of inertia) I_{xx} = A•k_{xx}^2

24) 소리의 세기 dB

dB = $10 \log_{10}\dfrac{I}{I_0}$ I : sound intensity

= $20 \log_{10}\dfrac{P}{P_0}$ P : sound pressure

25) 운동에너지(Kinetic Energy)

$E_k = \dfrac{1}{2}mv^2$ (병진운동) , $E_k = \dfrac{1}{2}I_p\,\omega^2$ (회전운동)

26) 위치에너지 (Potential Energy) $E_p = mgh$

27) 탄성에너지 $E_k = \dfrac{1}{2}kx^2$

k : 탄성계수 , x : Spring의 늘어난 길이

28) Young 률 (Young's Modulus) = (Modulus of Elasticity, 탄성계수) E : N/m^2, psi

σ = E ε σ: Stress (응력)   ε : Strain(변형률)

$\sigma = \dfrac{P}{A}$, $\varepsilon = \dfrac{\delta}{L}$ 따라서, $\delta = \dfrac{PL}{EA}$

EA : Axial Rigidity

$\dfrac{EA}{L}$: Stiffness

$\dfrac{L}{EA}$: Flexibility

29) 스프링 상수 (Spring constant, Spring modulus, Spring Stiffness) k : N/m

F=kx   x = 스프링의 늘어난 길이(δ)

30) 짝힘 (偶力, Couple) M

M=F•l l : 짝힘의 팔 (Arm, Lever)

부록 3 해양사고의 종류와 원인 (Maine Casualties)

1. 대형선의 해양사고

길이가 300m가 넘는 대형선의 경우 절대로 침몰하지 않을 것이라는 막연한 신뢰를 주는 경우가 있는데, 실제로 태풍과 같은 격심한 해상에서는, 소형선과 동일하게 한 순간에 침몰할 수 있다.

최근의 사고로서, 영국의 초대형 유조선인 더비셔(Derbyshire)호는 태풍 Orchid 속을 항해하다가 남중국 해역에서, 선수에 있는 12개의 환풍구들을 통해 바닷물이 계속 침입하여, 선수가 물에 잠기고, 이어서 선수쪽 해치커버들이 파도에 열리게 되고, 순식간에 대량의 물이 선수부분에 유입되 갑자기 침몰하였다. (1980년)

타이타닉호의 경우도, 불행하게도 빙산에 우현 수면하 선수 부분이 90 m정도 찢겨나가, 총 16개의 방수구획 중 선수쪽 5개의 방수구획에서 동시에 침수가 진행되, 결국 침몰하였다. 타이타닉호에서 탑승인원 2,000여명 중에서 1,500여명이 생명을 잃은 가장 큰 원인은, 이 거함이 절대로 침몰할 일이 없을 것이라고 맹신한 관계자들이, 구명정을 정원의 1/10 밖에 설치하지 않아, 결국 구명정을 타지 못한 대다수 승객들은 찬 바닷물에 빠져 2~3분내로 사망하게 된 것이다.

최근에, 선령 20~30년된 노후한 대형 화물선들이, 항해 중 순식간에 침몰하여, 구난신호 (**메이데이**, Mayday : 불어로 me+aid(메데〈help me〉, venez(브네〈come〉)의 약어)를 보내지도 못한 경우가 많이 발생하였는데, 이는 선박이 오랜 기간 동안 항해 중, 배 중앙부에 파랑에 의해 반복적인 Sagging과 Hogging 모멘트를 받아, 구조적으로 피로가 쌓이고, 어느 순간 선체 중앙부에 파단이 일어나, 배가 두동강이 나서 침몰한 것으로 추정하고 있다.

2. 해양사고의 종류

1) 충돌(Collision)

- 인위적인 조선과실 (전방부주의, 음주, 졸음)
- 농무

2) 좌초(Grounding)

- 인위적인 조선과실
- 풍랑, 바람에 의한 횡표류

3) 전복(Capsizing)

- 화물의 부적절한 적재에 따른 GM 값의 감소 (화물을 높은 곳에서 적재시 배 전체의 KG가 커져, GM이 작아진다.)
- 자유수, Green Water, 着氷
- 급격한 화물 이동

4) 침몰(Founder, Sink)

- 선체 손상으로 복원력 감소 (Damaged Stability)
- 충돌, 좌초, 전복 등으로 침수가 진행되어 결국 침몰함.

5) 화재. 폭발 (Fire, Explosion)

- LNG 선의 경우 가스 유출

6) 표류(Drift)

- 기관고장, 조타기 고장.

이상의 사고 유형별 빈도를, 백분율로 나타내면 그림 A와 같다.

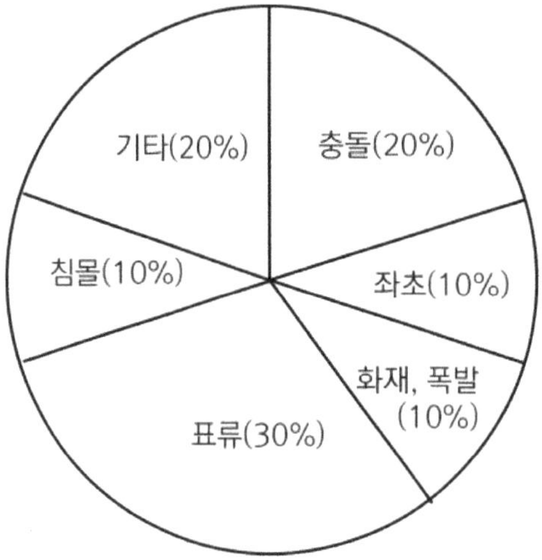

그림A 사고 유형별 발생빈도

선박의 크기에 따른 사고 발생 빈도는, 다음 그림과 같다.

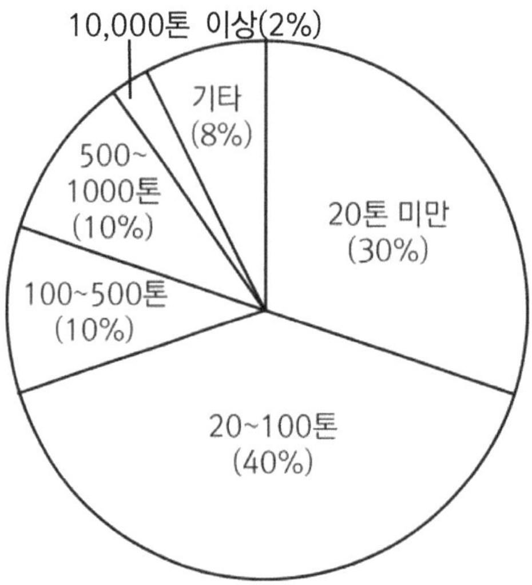

그림B 선박의 크기 별 사고 발생빈도

3. 소형선의 해양사고

앞서 보았듯이 100톤 이하의 소형선에 의한 해양사고가 전체의 70%를 차지하고 있다. 이는 소형선의 경우 해상상태(즉 파랑과 바람)에 취약함을 단적으로 보여주고 있다.

소형선에서 자주 발생하는 해양사고의 소형선에서 자주 발생하는 해양사고의 원인을 분석해보면

1) 순수복원력 상실(Pure loss of stability)

- 선박이 종파 중에 항해시, 파정이 선체중앙에 위치하면 복원력이 감소하는 현상이다.

2) 자려진동(自勵振動, Self-excited Oscillation)

- 선박이 종파상태로 항해시, 배가 한번은 파정에 위치하고 한번은 파저에 위치하여, 이를 반복하면, 배의 GM 값이 작아졌다 커졌다 반복하게 되고, 어느 순간 배의 횡요가 갑자기 크게 되어 배가 전복되는 현상

3) Broaching-to phenomenon

- 배가 추파나 사추파 상태에서 파와 같은 속도로 항해시, 배의 길이가 파의 길이(파장)의 $\frac{1}{2}$ 정도이고, 배가 파의 내리막 경사에 있는 경우,

  타를 틀어도 배가 원하는 방향이 아닌 반대쪽으로 가게 되어, 횡파상태로 되, 갑자기 침몰하는 현상. 소형어선에서 자주 발생함.

소형선의 대부분을 차지하는 어선의 경우, 위에서 설명한 3가지 유형 이외에도 어선 특유의 요인에 의해 해양사고를 일으킬 수 있다.

1) 어획물의 갑판 적재에 의한 전복

- 물고기가 가득찬 그물을 갑판으로 끌어올리면, 어획물의 중량에 의해, 배 전

체의 중심이 높아져, GM이 줄어들게 되고 따라서, 좋은 날씨에도 갑자기 전복할 수 있다.

2) 어창의 어획물의 이동에 의한 전복

- 어창에 어획물을 자유롭게 움직이게 적재한 경우, 배의 경사에 따라 어획물이 한쪽으로 쏠려 배를 전복시킬 수 있다.

이를 방지하기 위해, 1977년 어선의 복원성에 관한 Torremolinos(스페인의 항구도시) 협약이나, 1993년 IMO 의정서 (Resolution A.749)에서는, 어창내에 어획물 이동방지 칸막이를 설치하도록 의무화하고 있다.

3) 활어창(Live fish tank)의 영향

- 일부 어선의 경우, 고급어종을 산채로 운반하기 위해, 어창 전체에 해수를 유입시켜 活魚倉으로 만드는 경우가 있다. 이 경우 활어창의 자유표면에 의해 GM이 감소하게 되므로 각별히 주의를 요한다.

이승건

- 1956년 1월생
- 1975-1982 부산대학교 조선공학과 학사
- 1982-1984 부산대학교 대학원 조선공학 석사
- 1984-1988 동경대학 선박공학과 박사
- 1988-1991 조선대학교 조선해양공학과 조교수
- 1991- 현재 부산대학교 조선해양공학과 교수

- 1998-1999 동경대학 객원 연구원
- 2001-2005 해양수산부 씨그랜트 사업단 부산대학교 단장

선박의 기초계산 및 복원성

2012년 1월 15일 초판 인쇄
2024년 2월 28일 10쇄 발행

저 자 이승건
발 행 인 송기수
발 행 처 도서출판 GS인터비전
편 집 처 도서출판 GS인터비전
인 쇄 처 대명프린팅
등록번호 제 25100-2016-000050호
I S B N 978-89-97231-12-6 (92550)

주 소 서울 은평구 증산로15길69, 2층
전 화 02-976-7898, 02-3272-7898
팩 스 02-6468-7898
홈페이지 gsintervision.kr
E-Mail gsinter7@gmail.com

정 가 25,000원